U0341274

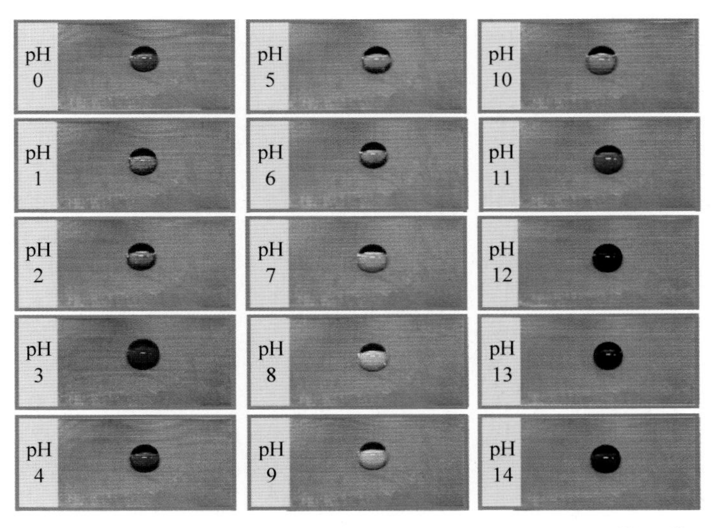

图 2.6　聚二乙烯基苯修饰不锈钢网在不同 pH 下的浸润性照片

其中的液滴被不同类型的染料染色

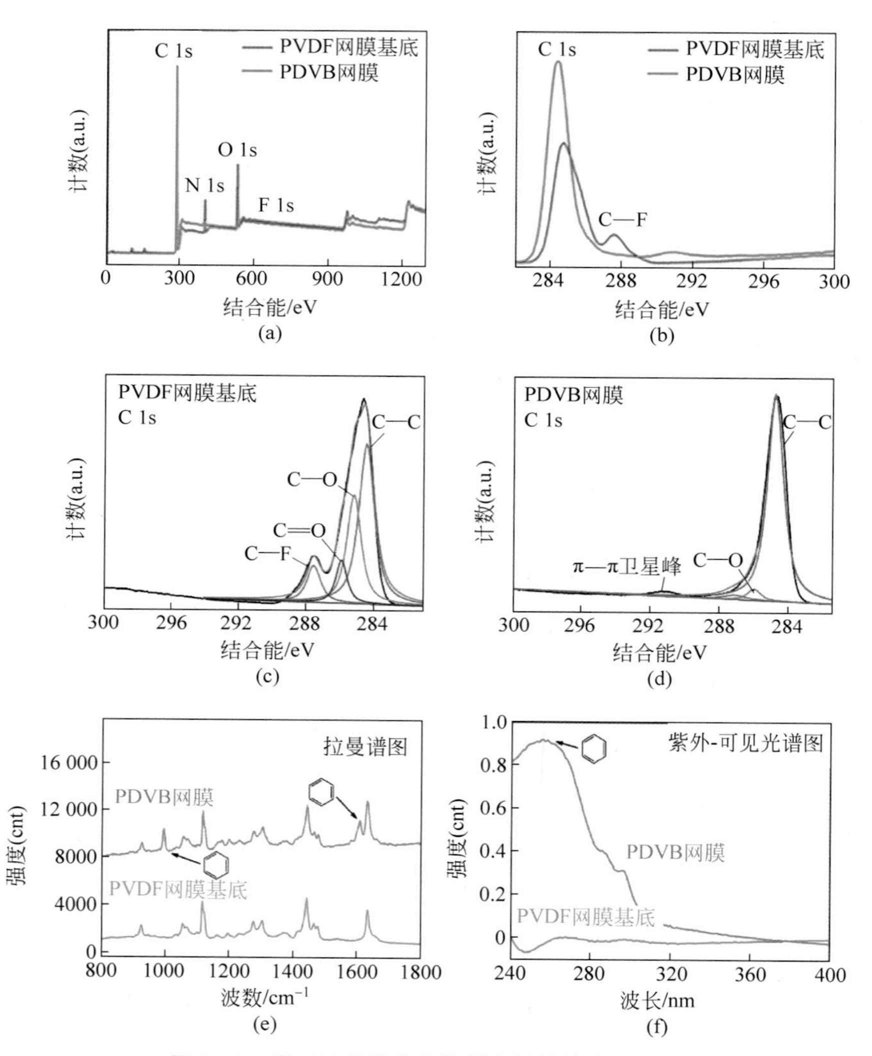

图 2.10　聚二乙烯基苯修饰微孔网膜的成分表征

(a) 网膜基底与修饰后网膜的 X 射线光电子能谱扫描全谱图；(b) 相应的窄扫谱图；(c) 网膜基底的 C 1s 元素窄扫谱图；(d) 修饰聚二乙烯基苯后网膜的 C 1s 元素窄扫谱图；(e) 基底与修饰后网膜的拉曼谱图；(f) 基底与修饰后网膜的紫外-可见光谱图

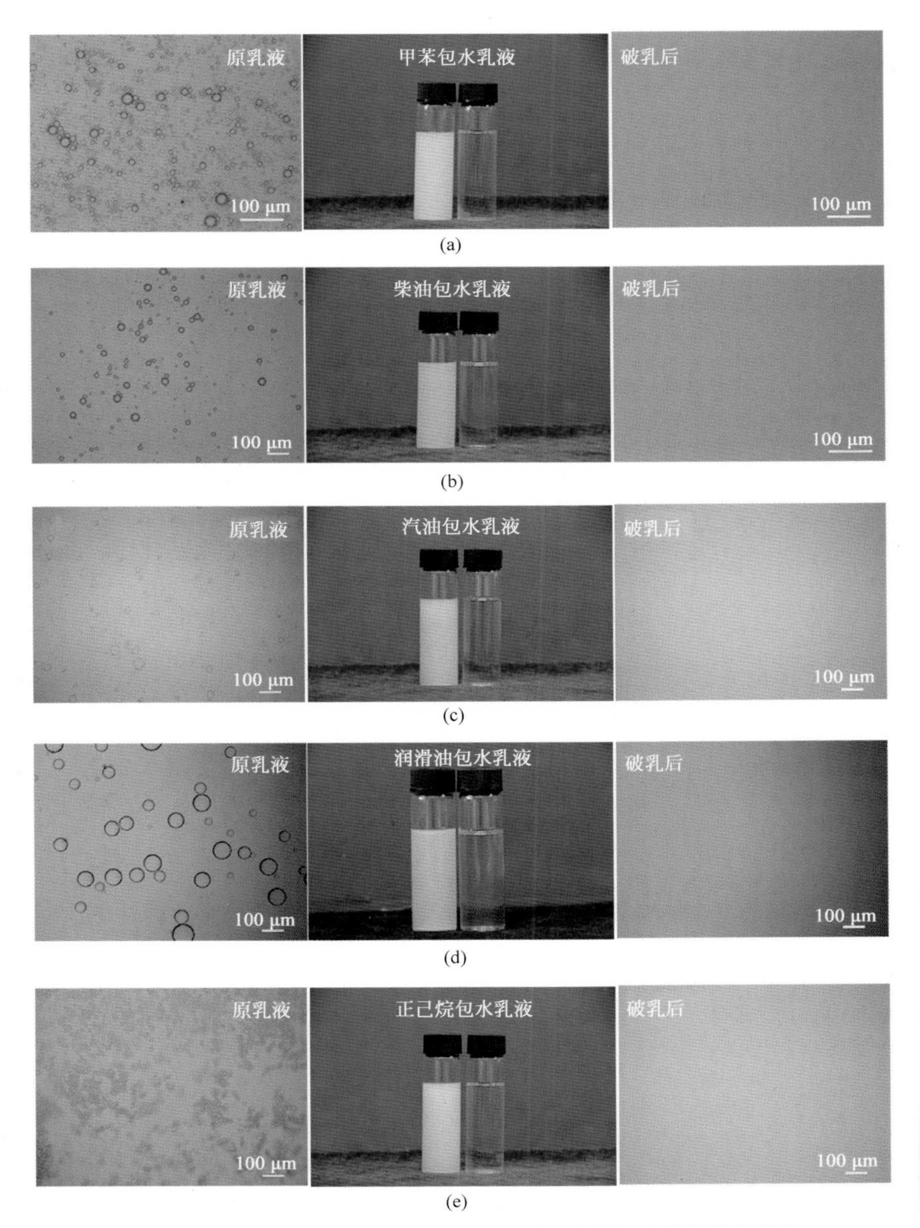

图 2.12　网膜的油包水乳液分离照片及相对应的乳液显微镜照片

(a) 甲苯包水乳液分离效果；(b) 柴油包水乳液分离效果；(c) 汽油包水乳液分离效果；(d) 润滑油包水乳液分离效果；(e) 正己烷包水乳液分离效果

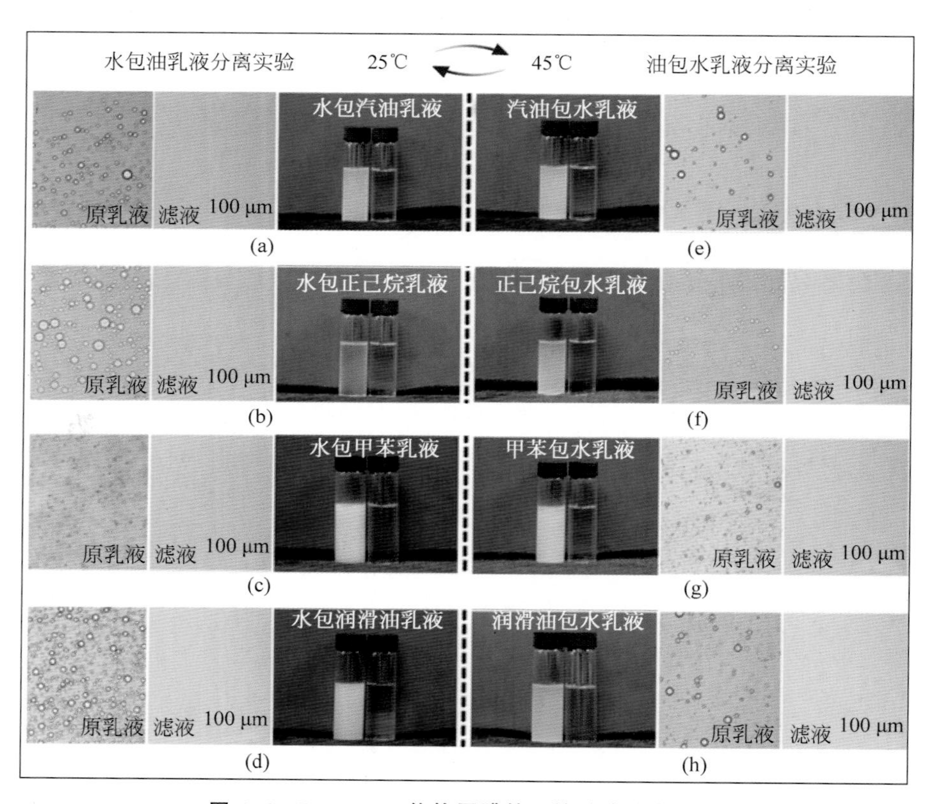

图 4.6　PNIPAAm 修饰网膜的可控乳液分离效果

(a) 25℃下水包汽油乳液的分离效果；(b) 25℃下水包正己烷乳液的分离效果；(c) 25℃下水包甲苯乳液的分离效果；(d) 25℃下水包润滑油乳液的分离效果；(e) 45℃下汽油包水乳液的分离效果；(f) 45℃下正己烷包水乳液的分离效果；(g) 45℃下甲苯包水乳液的分离效果；(h) 45℃下润滑油包水乳液的分离效果

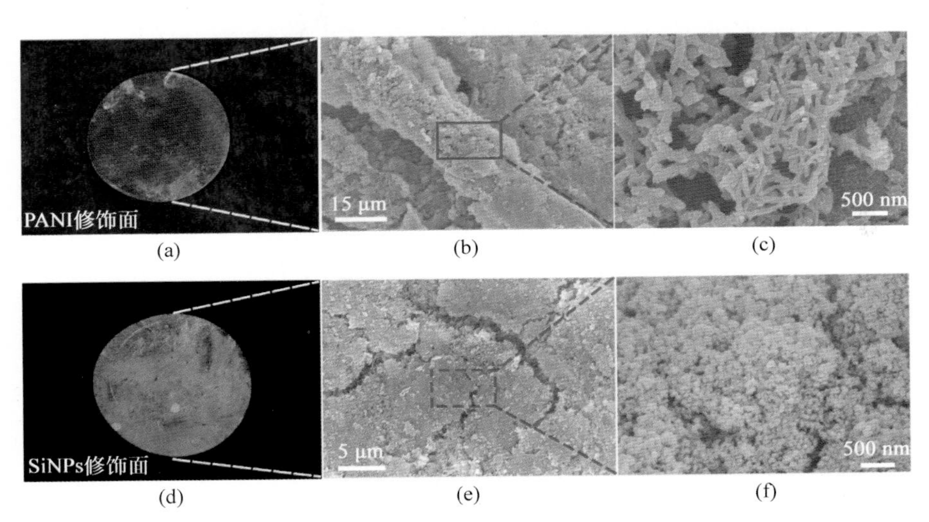

图 5.2　Janus 网膜的表面形貌表征

(a) PANI 亲水面的数码照片；(b) 亲水面的扫描电镜图(15 μm)；(c) 亲水面的扫描电镜图(500 nm)；(d) SiNPs 疏水面的数码照片；(e) 疏水面对应的扫描电镜图(5 μm)；(f) 疏水面对应的扫描电镜图(500 nm)

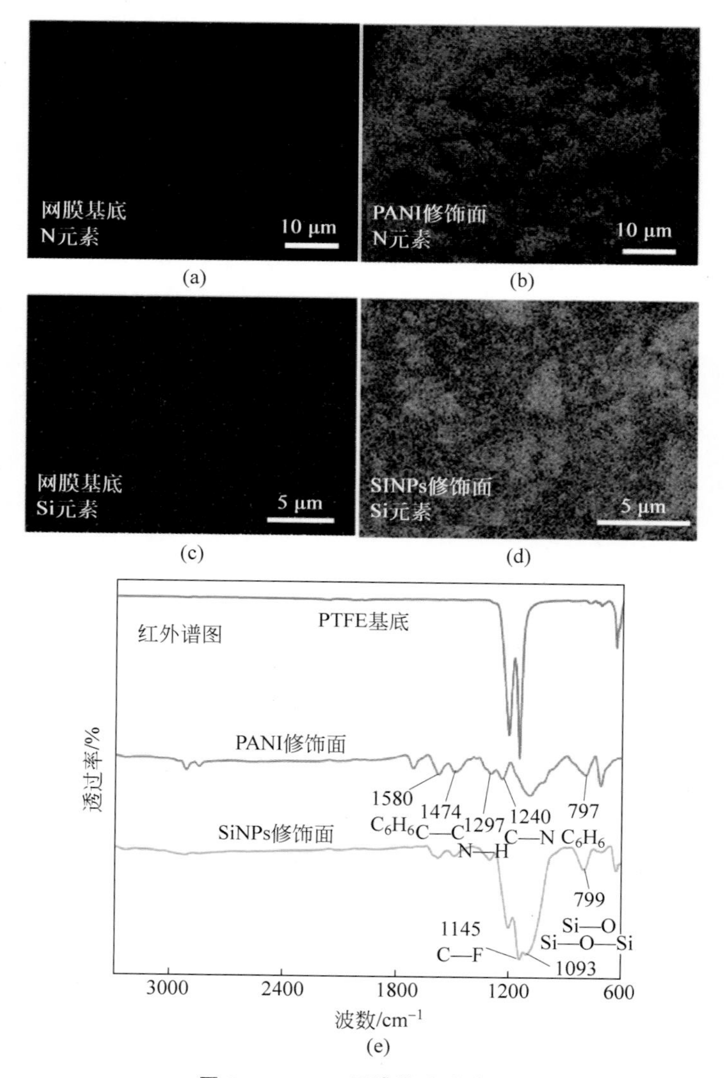

图 5.3 Janus 网膜的成分表征

(a) 网膜基底氮元素的能量色散 X 射线能谱图；(b) PANI 亲水面氮元素的能量色散 X 射线能谱图；(c) 网膜基底硅元素的能量色散 X 射线能谱图；(d) SiNPs 疏水面硅元素的能量色散 X 射线能谱图；(e) 网膜基底、亲水面和疏水面的红外光谱图

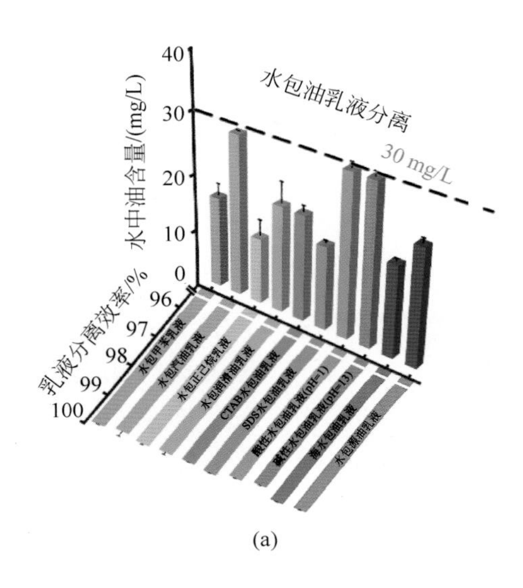

(a)

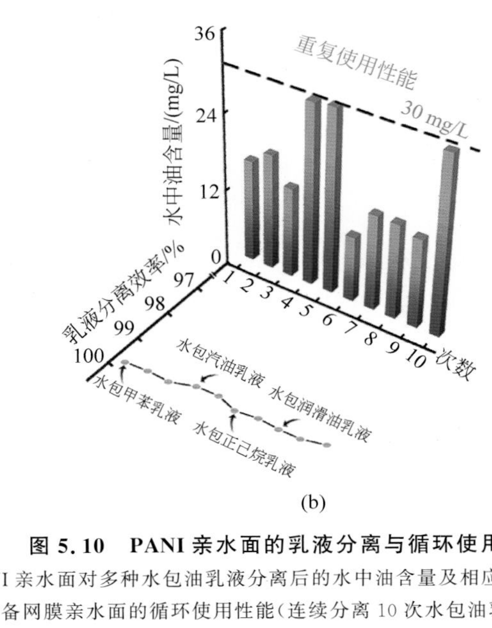

(b)

图 5.10　PANI 亲水面的乳液分离与循环使用性能

(a) PANI 亲水面对多种水包油乳液分离后的水中油含量及相应的乳液分离效率；
(b) 所制备网膜亲水面的循环使用性能(连续分离 10 次水包油乳液的分离效率)

图 5.11 SiNPs 疏水面对各类油包水乳液的分离效果数码照片

(a) 甲苯包水乳液；(b) 汽油包水乳液；(c) 正己烷包水乳液；(d) 润滑油包水乳液

清华大学优秀博士学位论文丛书

基于可控油水/乳液分离的特殊浸润性网膜的制备与应用

张玮峰（Zhang Weifeng）著

Fabrication and Application of Superwetting Materials towards Controllable Oil/Water Mixture and Emulsion Separation

清华大学出版社
北 京

内容简介

本书立足于特殊浸润性材料在实际油水分离中的应用，讨论了该类材料存在的诸多关键问题，以材料表面化学组成、粗糙结构和基底孔径共同决定特殊浸润性材料性能为设计思路，制备了一系列具有不同性能的油水分离材料，实现了可控、高效的油水/乳液分离。

本书可供从事环保、选矿、化工等应用研究工作及仿生超浸润表面研究的高校和科研院所的师生及相关技术人员阅读参考。

图书在版编目(CIP)数据

基于可控油水/乳液分离的特殊浸润性网膜的制备与应用/张玮峰著.—北京：清华大学出版社，2021.6

(清华大学优秀博士学位论文丛书)

ISBN 978-7-302-58058-4

Ⅰ.①基… Ⅱ.①张… Ⅲ.①油水分离－仿生材料－研究 Ⅳ.①TB39

中国版本图书馆CIP数据核字(2021)第075631号

责任编辑：王　倩
封面设计：傅瑞学
责任校对：赵丽敏
责任印制：沈　露

出版发行：清华大学出版社
网　　址：http://www.tup.com.cn，http://www.wqbook.com
地　　址：北京清华大学学研大厦A座　**邮　　编**：100084
社 总 机：010-62770175　**邮　　购**：010-62786544
投稿与读者服务：010-62776969，c-service@tup.tsinghua.edu.cn
质量反馈：010-62772015，zhiliang@tup.tsinghua.edu.cn
印 刷 者：三河市铭诚印务有限公司
装 订 者：三河市启晨纸制品加工有限公司
经　　销：全国新华书店
开　　本：155mm×235mm　**印张**：9　**插页**：4　**字数**：158千字
版　　次：2021年6月第1版　**印次**：2021年6月第1次印刷
定　　价：69.00元

产品编号：087972-01

一流博士生教育
体现一流大学人才培养的高度(代丛书序)[①]

人才培养是大学的根本任务。只有培养出一流人才的高校,才能够成为世界一流大学。本科教育是培养一流人才最重要的基础,是一流大学的底色,体现了学校的传统和特色。博士生教育是学历教育的最高层次,体现出一所大学人才培养的高度,代表着一个国家的人才培养水平。清华大学正在全面推进综合改革,深化教育教学改革,探索建立完善的博士生选拔培养机制,不断提升博士生培养质量。

学术精神的培养是博士生教育的根本

学术精神是大学精神的重要组成部分,是学者与学术群体在学术活动中坚守的价值准则。大学对学术精神的追求,反映了一所大学对学术的重视、对真理的热爱和对功利性目标的摒弃。博士生教育要培养有志于追求学术的人,其根本在于学术精神的培养。

无论古今中外,博士这一称号都和学问、学术紧密联系在一起,和知识探索密切相关。我国的博士一词起源于2000多年前的战国时期,是一种学官名。博士任职者负责保管文献档案、编撰著述,须知识渊博并负有传授学问的职责。东汉学者应劭在《汉官仪》中写道:“博者,通博古今;士者,辩于然否。”后来,人们逐渐把精通某种职业的专门人才称为博士。博士作为一种学位,最早产生于12世纪,最初它是加入教师行会的一种资格证书。19世纪初,德国柏林大学成立,其哲学院取代了以往神学院在大学中的地位,在大学发展的历史上首次产生了由哲学院授予的哲学博士学位,并赋予了哲学博士深层次的教育内涵,即推崇学术自由、创造新知识。哲学博士的设立标志着现代博士生教育的开端,博士则被定义为独立从事学术研究、具备创造新知识能力的人,是学术精神的传承者和光大者。

① 本文首发于《光明日报》,2017年12月5日。

博士生学习期间是培养学术精神最重要的阶段。博士生需要接受严谨的学术训练，开展深入的学术研究，并通过发表学术论文、参与学术活动及博士论文答辩等环节，证明自身的学术能力。更重要的是，博士生要培养学术志趣，把对学术的热爱融入生命之中，把捍卫真理作为毕生的追求。博士生更要学会如何面对干扰和诱惑，远离功利，保持安静、从容的心态。学术精神，特别是其中所蕴含的科学理性精神、学术奉献精神，不仅对博士生未来的学术事业至关重要，对博士生一生的发展都大有裨益。

独创性和批判性思维是博士生最重要的素质

博士生需要具备很多素质，包括逻辑推理、言语表达、沟通协作等，但是最重要的素质是独创性和批判性思维。

学术重视传承，但更看重突破和创新。博士生作为学术事业的后备力量，要立志于追求独创性。独创意味着独立和创造，没有独立精神，往往很难产生创造性的成果。1929 年 6 月 3 日，在清华大学国学院导师王国维逝世二周年之际，国学院师生为纪念这位杰出的学者，募款修造"海宁王静安先生纪念碑"，同为国学院导师的陈寅恪先生撰写了碑铭，其中写道："先生之著述，或有时而不章；先生之学说，或有时而可商；惟此独立之精神，自由之思想，历千万祀，与天壤而同久，共三光而永光。"这是对于一位学者的极高评价。中国著名的史学家、文学家司马迁所讲的"究天人之际，通古今之变，成一家之言"也是强调要在古今贯通中形成自己独立的见解，并努力达到新的高度。博士生应该以"独立之精神、自由之思想"来要求自己，不断创造新的学术成果。

诺贝尔物理学奖获得者杨振宁先生曾在 20 世纪 80 年代初对到访纽约州立大学石溪分校的 90 多名中国学生、学者提出："独创性是科学工作者最重要的素质。"杨先生主张做研究的人一定要有独创的精神、独到的见解和独立研究的能力。在科技如此发达的今天，学术上的独创性变得越来越难，也愈加珍贵和重要。博士生要树立敢为天下先的志向，在独创性上下功夫，勇于挑战最前沿的科学问题。

批判性思维是一种遵循逻辑规则、不断质疑和反省的思维方式，具有批判性思维的人勇于挑战自己，敢于挑战权威。批判性思维的缺乏往往被认为是中国学生特有的弱项，也是我们在博士生培养方面存在的一个普遍问题。2001 年，美国卡内基基金会开展了一项"卡内基博士生教育创新计划"，针对博士生教育进行调研，并发布了研究报告。该报告指出：在美国和欧洲,培养学生保持批判而质疑的眼光看待自己、同行和导师的观点同样非常不容易,批判性思维的培养必须成为博士生培养项目的组成部分。

对于博士生而言,批判性思维的养成要从如何面对权威开始。为了鼓励学生质疑学术权威、挑战现有学术范式,培养学生的挑战精神和创新能力,清华大学在2013年发起"巅峰对话",由学生自主邀请各学科领域具有国际影响力的学术大师与清华学生同台对话。该活动迄今已经举办了21期,先后邀请17位诺贝尔奖、3位图灵奖、1位菲尔兹奖获得者参与对话。诺贝尔化学奖得主巴里·夏普莱斯(Barry Sharpless)在2013年11月来清华参加"巅峰对话"时,对于清华学生的质疑精神印象深刻。他在接受媒体采访时谈道:"清华的学生无所畏惧,请原谅我的措辞,但他们真的很有胆量。"这是我听到的对清华学生的最高评价,博士生就应该具备这样的勇气和能力。培养批判性思维更难的一层是要有勇气不断否定自己,有一种不断超越自己的精神。爱因斯坦说:"在真理的认识方面,任何以权威自居的人,必将在上帝的嬉笑中垮台。"这句名言应该成为每一位从事学术研究的博士生的箴言。

提高博士生培养质量有赖于构建全方位的博士生教育体系

一流的博士生教育要有一流的教育理念,需要构建全方位的教育体系,把教育理念落实到博士生培养的各个环节中。

在博士生选拔方面,不能简单按考分录取,而是要侧重评价学术志趣和创新潜力。知识结构固然重要,但学术志趣和创新潜力更关键,考分不能完全反映学生的学术潜质。清华大学在经过多年试点探索的基础上,于2016年开始全面实行博士生招生"申请-审核"制,从原来的按照考试分数招收博士生,转变为按科研创新能力、专业学术潜质招收,并给予院系、学科、导师更大的自主权。《清华大学"申请-审核"制实施办法》明晰了导师和院系在考核、遴选和推荐上的权力和职责,同时确定了规范的流程及监管要求。

在博士生指导教师资格确认方面,不能论资排辈,要更看重教师的学术活力及研究工作的前沿性。博士生教育质量的提升关键在于教师,要让更多、更优秀的教师参与到博士生教育中来。清华大学从2009年开始探索将博士生导师评定权下放到各学位评定分委员会,允许评聘一部分优秀副教授担任博士生导师。近年来,学校在推进教师人事制度改革过程中,明确教研系列助理教授可以独立指导博士生,让富有创造活力的青年教师指导优秀的青年学生,师生相互促进、共同成长。

在促进博士生交流方面，要努力突破学科领域的界限，注重搭建跨学科的平台。跨学科交流是激发博士生学术创造力的重要途径，博士生要努力提升在交叉学科领域开展科研工作的能力。清华大学于2014年创办了“微沙龙”平台，同学们可以通过微信平台随时发布学术话题，寻觅学术伙伴。3年来，博士生参与和发起“微沙龙”12 000多场，参与博士生达38 000多人次。“微沙龙”促进了不同学科学生之间的思想碰撞，激发了同学们的学术志趣。清华于2002年创办了博士生论坛，论坛由同学自己组织，师生共同参与。博士生论坛持续举办了500期，开展了18 000多场学术报告，切实起到了师生互动、教学相长、学科交融、促进交流的作用。学校积极资助博士生到世界一流大学开展交流与合作研究，超过60%的博士生有海外访学经历。清华于2011年设立了发展中国家博士生项目，鼓励学生到发展中国家亲身体验和调研，在全球化背景下研究发展中国家的各类问题。

在博士学位评定方面，权力要进一步下放，学术判断应该由各领域的学者来负责。院系二级学术单位应该在评定博士论文水平上拥有更多的权力，也应担负更多的责任。清华大学从2015年开始把学位论文的评审职责授权给各学位评定分委员会，学位论文质量和学位评审过程主要由各学位分委员会进行把关，校学位委员会负责学位管理整体工作，负责制度建设和争议事项处理。

全面提高人才培养能力是建设世界一流大学的核心。博士生培养质量的提升是大学办学质量提升的重要标志。我们要高度重视、充分发挥博士生教育的战略性、引领性作用，面向世界、勇于进取，树立自信、保持特色，不断推动一流大学的人才培养迈向新的高度。

邱勇

清华大学校长

2017年12月5日

丛书序二

以学术型人才培养为主的博士生教育，肩负着培养具有国际竞争力的高层次学术创新人才的重任，是国家发展战略的重要组成部分，是清华大学人才培养的重中之重。

作为首批设立研究生院的高校，清华大学自20世纪80年代初开始，立足国家和社会需要，结合校内实际情况，不断推动博士生教育改革。为了提供适宜博士生成长的学术环境，我校一方面不断地营造浓厚的学术氛围，一方面大力推动培养模式创新探索。我校从多年前就已开始运行一系列博士生培养专项基金和特色项目，激励博士生潜心学术、锐意创新，拓宽博士生的国际视野，倡导跨学科研究与交流，不断提升博士生培养质量。

博士生是最具创造力的学术研究新生力量，思维活跃，求真求实。他们在导师的指导下进入本领域研究前沿，吸取本领域最新的研究成果，拓宽人类的认知边界，不断取得创新性成果。这套优秀博士学位论文丛书，不仅是我校博士生研究工作前沿成果的体现，也是我校博士生学术精神传承和光大的体现。

这套丛书的每一篇论文均来自学校新近每年评选的校级优秀博士学位论文。为了鼓励创新，激励优秀的博士生脱颖而出，同时激励导师悉心指导，我校评选校级优秀博士学位论文已有20多年。评选出的优秀博士学位论文代表了我校各学科最优秀的博士学位论文的水平。为了传播优秀的博士学位论文成果，更好地推动学术交流与学科建设，促进博士生未来发展和成长，清华大学研究生院与清华大学出版社合作出版这些优秀的博士学位论文。

感谢清华大学出版社，悉心地为每位作者提供专业、细致的写作和出版指导，使这些博士论文以专著方式呈现在读者面前，促进了这些最新的优秀研究成果的快速广泛传播。相信本套丛书的出版可以为国内外各相关领域或交叉领域的在读研究生和科研人员提供有益的参考，为相关学科领域的发展和优秀科研成果的转化起到积极的推动作用。

感谢丛书作者的导师们。这些优秀的博士学位论文，从选题、研究到成文，离不开导师的精心指导。我校优秀的师生导学传统，成就了一项项优秀的研究成果，成就了一大批青年学者，也成就了清华的学术研究。感谢导师们为每篇论文精心撰写序言，帮助读者更好地理解论文。

感谢丛书的作者们。他们优秀的学术成果，连同鲜活的思想、创新的精神、严谨的学风，都为致力于学术研究的后来者树立了榜样。他们本着精益求精的精神，对论文进行了细致的修改完善，使之在具备科学性、前沿性的同时，更具系统性和可读性。

这套丛书涵盖清华众多学科，从论文的选题能够感受到作者们积极参与国家重大战略、社会发展问题、新兴产业创新等的研究热情，能够感受到作者们的国际视野和人文情怀。相信这些年轻作者们勇于承担学术创新重任的社会责任感能够感染和带动越来越多的博士生，将论文书写在祖国的大地上。

祝愿丛书的作者们、读者们和所有从事学术研究的同行们在未来的道路上坚持梦想，百折不挠！在服务国家、奉献社会和造福人类的事业中不断创新，做新时代的引领者。

相信每一位读者在阅读这一本本学术著作的时候，在吸取学术创新成果、享受学术之美的同时，能够将其中所蕴含的科学理性精神和学术奉献精神传播和发扬出去。

清华大学研究生院院长

2018年1月5日

导师序言

随着社会的不断发展和进步，环境问题日益凸显，大量生活含油废水、工业含油废水的排放及不断发生的油泄漏、油污染事故使油水分离成为诸多行业急需解决的一大难题。含油废水的排放与油泄漏事故的发生不仅造成了资源的大量浪费，也对当地的环境产生了极大的威胁。因此，本着改善生态环境及可持续发展的理念，开发有效的油水分离方法并收集纯净的油相或水相刻不容缓。特殊浸润性材料作为一种有效的油水分离材料已经得到大量的研究，但发展至今仍存在一些关键问题需要解决，例如，需进一步拓展材料的多功能性与可控油水分离能力，推动实现稳定乳液体系的高效分离与可控分离，将分离效率提高至工业标准等。在此研究背景下，本书立足于特殊浸润性材料在实际油水分离领域中的应用，讨论了该类材料研究至今存在的诸多关键问题，以材料表面化学组成、粗糙结构和基底孔径共同决定特殊浸润性材料性能为设计思路，制备了一系列具有不同性能的油水分离材料，实现了可控、高效的水处理，极大地推动了此类材料的实际应用。本书的主要创新点如下：

(1) 针对油水处理中无法实现稳定乳液分离的关键问题，通过溶剂热法制备出性能优异的阻水型膜材料与阻油型特殊浸润性网膜，通过调控基底种类与孔径，可以实现从不互溶油水混合物到稳定油包水乳液和水包油乳液的分离，为可控分离材料的设计提供了新思路，突破了一种材料难以实现多种类型乳液分离的瓶颈。

(2) 针对特殊浸润性膜材料功能单一、智能响应型材料无法实现可控乳液分离的关键问题，将具有热响应的 N-异丙基丙烯酰胺单体聚合并修饰在基底上，成功实现了温度驱动下的浸润性转变，首次实现了不同温度下不同类型乳液的可控分离。

(3) 针对之前材料分离效率偏低的关键问题，通过浸渍-喷涂两步法制备了上下表面浸润性不同的 Janus 膜材料，可同时实现不同类型乳液的高效分离，更重要的是，将分离效率提升至工业标准，拓宽了该类材料的应用范围。

本书的研究通过调控材料表面化学组成、粗糙结构及基底孔径实现了不同类型特殊浸润性膜材料的设计和制备，在拓宽该类材料种类和功能方面具有重要的学术价值。制备的一系列不同功能的材料在材料自清洁、废水处理、油泄漏事故处理、燃油净化、远程乳液分离等诸多行业（领域）具有重要的应用价值。本书可为从事仿生特殊浸润性表面研究的相关人员提供参考。

冯　琳

清华大学化学系

摘　要

随着生活含油废水与工业含油废水的大量排放、油泄漏事故的不断发生,油水分离已成为诸多行业急需解决的一大难题。特殊浸润性材料作为一种有效的油水分离材料已经得到大量的研究,但发展至今仍存在一些关键问题亟待解决,例如,需进一步拓展材料的多功能性与可控油水分离能力,实现稳定乳液体系的分离,智能响应型与Janus网膜无法实现乳液的可控分离、如何实现更高效的油水分离以达到工业标准等。在此研究背景下,本书以材料表面化学组成、粗糙结构和基底孔径共同决定特殊浸润性材料性能为设计思路,制备出一系列具有不同性能、面向实际应用的油水分离材料。主要工作如下:

(1) 通过简单的溶剂热方法,将低表面能物质聚二乙烯基苯成功修饰在不同种类的多孔基底上,制备出阻水型网膜。通过调控基底孔径的大小,实现从不互溶油水混合物到纳米级油包水乳液的高效可控分离。该类材料具有抗腐蚀、性能稳定、可循环使用等优势,解决了目前阻水型油水分离材料难以实现稳定乳液分离与可控油水分离等问题。

(2) 针对目前阻油型材料难以实现稳定乳液分离、分离乳液种类有限等问题,通过溶剂热修饰聚合方法,将聚丙烯酰胺-聚二乙烯基苯共聚物成功修饰在网膜基底上,制备出阻油型网膜。网膜对多种稳定水包油乳液(包括阴离子型、阳离子型和非离子型)均具有优异的分离能力,且同时具备抗酸碱能力、重复使用性能和很高的分离效率,为阻油型乳液分离膜的工业化应用提供了可能。

(3) 针对智能响应型特殊浸润性材料难以实现可控乳液分离的问题,通过水热聚合的方法,将具有热响应的N-异丙基丙烯酰胺单体聚合并修饰在微孔网膜基底上。所制备网膜的浸润性可随温度响应,并能够在不同温度下实现稳定水包油和油包水乳液的可控分离,在废水处理、可控油泄漏事故处理、燃油净化和远程乳液分离控制单元等诸多领域都有良好的应用前景。

(4) 针对目前Janus网膜难以实现可控乳液分离、油水分离材料的分离效率不高等关键问题，通过浸渍-喷涂的方法，将亲水聚合物聚苯胺与疏水二氧化硅纳米粒子成功修饰在微孔网膜的上、下表面，制备出两面浸润性不同的Janus膜材料。该材料可同时实现水包油乳液和油包水乳液的分离，且分离效果达到了工业排放标准，拓宽了Janus材料的应用范围，推动了其在高效油水分离领域的发展。

关键词：特殊浸润性；油水分离；可控乳液分离；刺激响应材料；Janus膜材料

Abstract

Nowadays, large amounts of oily wastewater discharged from our daily life and industries together with frequent oil spill accidents have caused serious environmental problems, oil/water separation has become a worldwide challenge. It is of great significance to come up with effective oil/water separation methods for real situations. Superwetting materials have been systematically studied in recent years, and some of them are utilized in oil/water separation field. However, up to now, there are still some drawbacks to deal with, such as how to further expand the multifunctional property and controllable oil/water separation ability of the materials, how to achieve separation process of highly stabilized emulsions, the smart responsive materials and Janus materials are not able to achieve controllable oil-in-water and water-in-oil emulsion separation, the efficiencies should be further improved to meet industrial standards, etc. In this dissertation, designed by the combination of chemical composition of the surface, the hierarchical rough structure and the pore size of the substrate, a series of superwetting porous materials have been fabricated and applied in various applications aiming to solve the aforementioned issues. The main works are listed below:

(1) A facile solvothermal route is developed to decorate polydivinylbenzene onto different porous substrates. The as-prepared water-blocking materials exhibit superhydrophobic and superoleophilic wettability. "Controllable" separation from immiscible oil/seawater mixture to stabilized nanoscale water-in-oil emulsion with high efficiency can be realized by selecting substrates with different pore size. The as-prepared materials shows anti-corrosive property, outstanding stability and recyclability. This work solves the problems that the current water-blocking superwetting

materials are difficult to achieve stabilized water-in-oil emulsion separation and controllable oil/water separation.

(2) Aiming to deal with the drawbacks that few current oil-blocking materials are able to separate different types of stabilized oil-in-water emulsions with high efficiency, polyacrylamide-polydivinylbenzene copolymer modified microfiltration membrane is fabricated via solvothermal method. The as-prepared material is able to achieve the separation process of different stabilized oil-in-water emulsions including anionic type, cationic type and nonionic type. Besides, the membrane owns excellent pH stability, recyclability and high separation efficiency, which shows great potential to be scaled up in industrial field.

(3) In order to solve the problem that few smart responsive materials are able to achieve controllable emulsion separation, thermo-responsive polymer poly(*N*-isopropylacrylamide) are decorated on nylon microfiltration membrane through a hydrothermal polymerization method. The polymer endows the membrane with thermo-responsive wettability, so the porous material can realize controllable oil-in-water and water-in-oil emulsion separation at different temperatures. By utilizing this property, the membrane shows great potential in wastewater treatment, on-demand oil-spill cleanup, fuel purification, remote operation of separation units and so on.

(4) For Janus superwetting membranes, most of them cannot achieve controllable emulsion separation. Besides, the separation efficiencies of most oil/water separation materials are beyond the industrial standards. Aiming to deal with these drawbacks, a novel Janus membrane owning opposite wettability on each side are fabricated via immersion-spray coating method. The as-prepared material is able to separate both oil-in-water and water-in oil emulsions with ultrahigh efficiency, meeting the industrial emission and purification standards, which broadens the application of Janus materials and promote the development in high-efficiency oil/water separation field.

Key words: special wettability; oil/water separation; controllable emulsion separation; stimuli-responsive material; superwetting Janus membrane

目　录

第1章　绪论 …… 1
1.1　油水/乳液分离概述 …… 1
1.1.1　油水/乳液分离的研究意义 …… 1
1.1.2　油水混合物的种类和性质 …… 2
1.2　油水混合物常用分离技术 …… 3
1.2.1　油包水型混合物分离方法 …… 3
1.2.2　水包油型混合物分离方法 …… 4
1.3　固体表面浸润性理论基础 …… 5
1.3.1　表面自由能 …… 5
1.3.2　液体接触角相关理论 …… 6
1.3.3　固体表面粗糙度相关理论 …… 8
1.4　特殊浸润性油水分离材料研究进展 …… 9
1.4.1　特殊浸润性油水分离材料设计思路 …… 9
1.4.2　阻水型油水/乳液分离材料 …… 10
1.4.3　阻油型油水/乳液分离材料 …… 15
1.4.4　智能响应型油水分离材料 …… 19
1.4.5　Janus 型油水分离材料 …… 22
1.5　立题依据和研究内容 …… 24

第2章　溶剂热法修饰阻水型网膜用于可控油水分离的研究 …… 28
2.1　引论 …… 28
2.2　实验部分 …… 29
2.2.1　原料与试剂 …… 29
2.2.2　仪器与设备 …… 29
2.2.3　聚二乙烯基苯修饰不锈钢网与聚偏氟乙烯微孔网膜的制备 …… 30

2.2.4 油/海水不互溶混合物分离实验 …… 31
2.2.5 网膜穿透压强的测定 …… 31
2.2.6 表面活性剂稳定油包水乳液的制备 …… 31
2.2.7 油包水型乳液分离实验 …… 32
2.3 结果与讨论 …… 32
2.3.1 聚二乙烯基苯修饰不锈钢网的形貌与化学组成 …… 32
2.3.2 聚二乙烯基苯修饰不锈钢网的浸润性研究 …… 33
2.3.3 聚二乙烯基苯修饰不锈钢网的油水分离研究 …… 36
2.3.4 聚二乙烯基苯修饰不锈钢网的油水分离效率与通量研究 …… 37
2.3.5 聚二乙烯基苯修饰微孔网膜的形貌与化学组成 …… 39
2.3.6 聚二乙烯基苯修饰微孔网膜的浸润性研究 …… 40
2.3.7 聚二乙烯基苯修饰微孔网膜的油包水乳液分离研究 …… 42
2.3.8 聚二乙烯基苯修饰微孔网膜的乳液分离效率及通量研究 …… 45
2.3.9 溶剂热法用于油水/乳液分离的普适性研究 …… 46
2.4 小结 …… 47

第3章 溶剂热法修饰阻油型网膜用于稳定水包油乳液分离的研究 …… 48
3.1 引论 …… 48
3.2 实验部分 …… 49
3.2.1 原料与试剂 …… 49
3.2.2 仪器与设备 …… 49
3.2.3 聚丙烯酰胺-聚二乙烯基苯修饰微孔网膜的制备 …… 50
3.2.4 水包油型乳液的配制 …… 50
3.2.5 水包油乳液分离实验 …… 50
3.2.6 乳液分离后水中油含量及分离效率的测定 …… 51
3.3 结果与讨论 …… 52
3.3.1 聚丙烯酰胺交联网络聚合过程与网膜形貌及结构表征 …… 52
3.3.2 聚丙烯酰胺修饰网膜浸润性的研究 …… 53

3.3.3　聚丙烯酰胺修饰网膜的水包油乳液分离机理及效果 …… 55
3.3.4　聚丙烯酰胺修饰网膜乳液分离效率及重复使用性能的研究 …… 61
3.3.5　聚丙烯酰胺修饰网膜耐酸碱性能的研究 …… 61
3.3.6　聚丙烯酰胺修饰网膜表面活性剂去除能力的研究 …… 64
3.4　小结 …… 69

第4章　热响应聚合物修饰网膜用于不同类型乳液可控分离的研究 …… 70
4.1　引论 …… 70
4.2　实验部分 …… 71
4.2.1　原料与试剂 …… 71
4.2.2　仪器与设备 …… 71
4.2.3　PNIPAAm聚合物修饰网膜的制备 …… 72
4.2.4　不同类型水包油乳液和油包水乳液的配制 …… 72
4.2.5　网膜热响应可控乳液分离实验 …… 72
4.2.6　可控乳液分离效率的测定 …… 73
4.3　结果与讨论 …… 73
4.3.1　PNIPAAm聚合物修饰网膜的形貌与结构表征 …… 73
4.3.2　PNIPAAm聚合物修饰网膜的热响应浸润性研究 …… 75
4.3.3　微孔网膜基底热响应乳液分离对比实验 …… 77
4.3.4　PNIPAAm聚合物修饰网膜热响应可控乳液分离机理与效果的研究 …… 78
4.3.5　水包油及油包水乳液粒径分布的研究 …… 83
4.3.6　PNIPAAm聚合物修饰网膜乳液分离效率及通量的研究 …… 86
4.4　小结 …… 88

第5章　超疏水-超亲水Janus网膜用于符合工业排放标准的可控乳液分离的研究 …… 89
5.1　引论 …… 89

5.2 实验部分 …… 91
5.2.1 原料与试剂 …… 91
5.2.2 仪器与设备 …… 91
5.2.3 Janus 网膜 PANI 修饰面的制备 …… 92
5.2.4 Janus 网膜 SiNPs 修饰面的制备 …… 92
5.2.5 稳定水包油乳液与油包水乳液的制备 …… 92
5.2.6 水包油乳液与油包水乳液分离实验 …… 93
5.2.7 Janus 网膜乳液分离效率的测定 …… 93
5.3 结果与讨论 …… 93
5.3.1 两面性 Janus 网膜的形貌与结构表征 …… 93
5.3.2 PANI 亲水面的特殊浸润性研究 …… 96
5.3.3 SiNPs 疏水面的特殊浸润性研究 …… 97
5.3.4 微孔网膜基底的乳液分离对比实验 …… 98
5.3.5 PANI 亲水面稳定水包油乳液分离研究 …… 98
5.3.6 PANI 亲水面工业级水包油乳液分离效率的研究 …… 102
5.3.7 Janus 网膜与其他过滤型网膜在水包油乳液分离效率、通量上的对比 …… 102
5.3.8 SiNPs 疏水面稳定油包水乳液分离的研究 …… 103
5.3.9 SiNPs 疏水面油包水乳液分离效率的研究 …… 105
5.3.10 Janus 网膜水包油/油包水乳液分离通量的研究 …… 105
5.3.11 Janus 膜上下表面涂层稳定性 …… 105
5.3.12 浸渍-喷涂法构建 Janus 两面性网膜的普适性研究 …… 108
5.4 小结 …… 108

第 6 章 结论与展望 …… 110

参考文献 …… 112

致谢 …… 124

第1章 绪　　论

1.1 油水/乳液分离概述

1.1.1 油水/乳液分离的研究意义

近年来，随着工业含油废水和生活含油废水排放量的日益增多，油水分离已经成为诸多行业急需解决的一大难题。一方面，不断发生的油泄漏事故和油污染事故(如2010年的墨西哥湾原油漏油事件和2015年我国长庆油田的油泄漏事故等)不仅造成了资源的大量浪费，也对当地人类的居住环境产生了极大的威胁；另一方面，石油化工、纺织工业、金属冶炼、食品加工等行业也会排放大量的含油废水，形成复杂的油水混合物，对生态环境造成不可挽回的危害[1-6]。因此，本着改善生态环境及可持续发展的理念，开发有效的油水分离方法并收集纯净的油相或者水相刻不容缓。

在油水分离过程中，无论是分离有明显分层现象的不互溶油水混合物，还是分散相粒径小于20 μm的油包水或水包油乳液，对于含油废水和油泄漏事故的处理都是至关重要的，高效的分离方法则是油水分离的关键[7-8]。传统的油水分离方法包括重力法、离心法、化学法、浮选法、微生物法等，这些方法虽然可以实现简单油水混合物的分离并得到了广泛的应用，但都存在着各自的缺陷，如重力法、离心法等物理方法占地面积大、分离效率低下、能耗大；浮选法只适用于低流速油水混合物的分离；微生物法则成本较高，还可能会带来二次污染。这些不足或多或少制约着上述方法的进一步应用[9-12]。近年来，油水分离材料中的过滤型材料和吸附型材料也被大量研究并应用在相关的膜分离法与吸附法中[13-19]。然而，这些材料由于本身的原因，在分离过程中对油相和水相的选择性较低，会进一步造成分离后效率的降低。综上所述，随着人们环保意识的增强，在油水分离领域需要设计出性能更稳定、耗能更低、分离效率更高的油水/乳液分离材料。

受自然界中存在的多种超浸润现象的启发，如“出淤泥而不染”的荷叶、具有自清洁能力的鱼鳞表面、具有优异集水能力的沙漠甲虫背等，具有特殊浸润性的表面引起了科学家的广泛关注,并在自清洁、防雪防雾表面、防覆冰表面、液体输送等方面得到了应用[20-23]。由于油水/乳液分离的过程也与界面科学息息相关,因此,将特殊浸润性引入油水分离材料的设计中有可能大大提升传统分离材料的性能,拓展该类材料的应用范围。通过调控物质表面的化学组成,从而进一步实现对表面能的调控,再结合微观结构的构筑,便可以设计出阻水型、阻油型和智能响应型等不同类型的特殊浸润性油水分离材料。在分离目标混合物上,这类材料大多可以应用于不互溶油水混合物的初级分离,对于分散相粒径更小的油水乳液分离则研究较少。因此,如何能够进一步实现高效、可控的油水混合物,尤其是稳定乳液的分离,一直是科学界未来研究的重点。

1.1.2　油水混合物的种类和性质

油水混合物根据分散相和连续相的不同,可以分为两大类。第一类是油中含水混合物,在这类混合物中,油相为连续相,水相为分散相,因此需要除去大量油中的少量水,如燃油脱水、原油脱水和油泄漏事故中的油包水乳液分离等;第二类则是水中含油混合物,该混合物中水相为连续相,油相为分散相,主要来源于石油化工、食品加工、金属冶炼、制革工业等各个行业,此外,在油田开采、固体燃料的加工和运输过程中也会产生大量的水中含油污染物[24]。在含油污水中,根据油滴粒径大小的不同,可以将油相的存在状态分为浮油、分散油、乳化油和溶解油四种形式(表1.1)[25-26]。浮油的粒径较大,一般在150 μm以上,是含油废水中主要的存在形式,若将油水混合物静置一段时间,浮油会上浮至表面形成一层连续的油膜。分散油的粒径略小于浮油,为20～150 μm,不稳定地分散在含油废水中,经过长时间的静置后可以聚集为大油珠上浮,并转化为浮油,同时也可能在外力作用下进一步转化为乳化油。上述两种类型的油相均可以通过物理方法进行简单初步的分离。乳化油的粒径一般小于20 μm,分散相油在水中容易形成水包油型乳液,这类混合物较难用简单的方法实现分离,需要对其进行破乳。最后一种溶解油的粒径很小,通常小于0.1 μm,形成的混合物呈现均相状态,十分稳定,目前的方法很难将其有效分离。

表1.1　含油污水中油相存在形式

油相存在形式	浮油	分散油	乳化油	溶解油
油滴粒径/μm	＞150	20～150	＜20	＜0.1

1.2 油水混合物常用分离技术

对于油水混合物的分离,可以应用于工业中的方法层出不穷,但无论是对于油包水型还是水包油型油水混合物,各种分离方法所对应的分离原理是类似的,研究者们可以通过传统的物理分离原理或化学分离原理实现分离,也可以结合物理化学或生物化学的有关知识进一步分离混合物[24,27]。由于在实际的油水分离过程中,不同类型的油水混合物常常同时存在,情况十分复杂,因此需要结合使用上述几种方法,方可完成有效的油水分离。下面将分别介绍油包水型与水包油型混合物分离中常用的几种方法。

1.2.1 油包水型混合物分离方法

(1) 重力分离法。此方法适用于油水分离的前期初级处理,利用油水不互溶的特性及两者之间的密度差异,在静置或流动的情况下实现油和水两相的自动分层,接着可以利用抽取等方法进一步将两者分离开来。这种方法操作简单且普适性强,但是无法将油相中粒径更小的水珠进行有效的分离,且耗时长、效率低。

(2) 超声波法。作为一种物理方法,超声波法主要是通过产生的弹性机械波使油包水型混合物中的油介质和水滴一起振动,在降低油水之间界面膜强度的同时,促使水滴互相碰撞黏合,粒径增加,从而在不添加表面活性剂的情况下实现混合物的分离。该方法目前还没有实现大规模的工业化应用。

(3) 化学法。该方法主要是指通过添加破乳剂来进行油包水混合物的脱水。破乳剂的加入可以替代存在于油水界面上的天然乳化剂,进一步改变原先稳定油水界面的各项性质,从而破坏油水界面,最终分离出混合物中的分散相。化学法可以分离较为稳定的油包水型混合物,但也存在由于破乳剂加入而可能产生的二次污染和后处理等问题。

(4) 生物法。生物法是一种相对绿色环保的油水处理方法,通过利用可以消耗表面活性剂的微生物,进一步将油水界面膜破坏,从而实现油包水型油水混合物的分离。这种方法具有可降解性、环境友好、分离效率高等诸多优势,但同时存在成本高、适应性差、分离速度慢等诸多问题。

1.2.2　水包油型混合物分离方法

（1）重力沉降法。所用原理与油包水型混合物重力分离法相似，主要应用于水包油型混合物中浮油及分散油的分离。在混合物较长时间的静置后，浮油与分散油会在重力作用下漂浮至水相的表面并自动分层，从而形成一层油膜，进一步通过抽取、撇油等方式进行油水分离[28]。

（2）离心分离法。离心分离法的主要原理在于通过离心力来替代重力的作用，在高速旋转的情况下，由于分散相与连续相之间存在密度差异，产生的相当于几百倍重力的离心力使密度较大的水汇聚在分离器的外侧，而密度较小的油类流向仪器内圈，最后通过抽取等方式实现油水混合物的分离[24]。由于离心设备的日常维护较难，且分离过程对各项参数十分敏感，易造成再次乳化和二次分离等问题，因此制约了其大规模的应用。

（3）气浮选法。气浮选法是通过鼓泡的方式向油水混合物中溶入气体，因此会产生大量微小的气泡，在表面张力的作用下使水中微小的悬浮油珠与乳化油附着在气泡上，利用气泡产生的浮力将油类带出至水体表面形成含油泡沫层，从而实现油水分离[29-32]。该类方法可用于水包油型乳化油的分离，具有良好的分离能力，但是存在设备能耗高、无法进行高流速的油水分离等问题。

（4）絮凝法。作为化学方法的一种，絮凝法主要通过破乳与絮凝相结合的作用，在絮凝剂的作用下，破坏水相和油滴之间的双电层，从而对其进行收集和分离[33]。作为水包油型混合物处理中的辅助方法，絮凝法经常配合其他方法共同使用，以达到更好的分离效果，但仍存在投入成本高、后处理困难等缺陷，影响其进一步的工业应用。

（5）微生物法。与油包水型混合物的生物处理法类似，在水包油型乳液的处理中同样可以通过微生物的代谢功能，将油水混合物中的表面活性剂、油类和其他有害的有机物分解为简单无毒的物质，从而实现轻度污染的含油废水的处理[4]。微生物法包括生物膜法、活性污泥法和生物转盘法等。

（6）膜分离法。膜分离法是通过膜分离技术进行油水混合物处理的一种方法，通过选取不同种类的膜材料，如亲水膜和疏水膜等，可以实现不同状态油水混合物的分离[13-15]。因此，与之前的方法相比，这类方法具有占地面积小、无需添加其他助剂、操作工艺简单、无二次污染等诸多优势。但膜材料发展至今，依然存在如油水处理量有限、通量较低、使用寿命短等问题需要进一步解决。

综上所述，针对油包水型混合物与水包油型混合物的处理方法有很多，但这些方法各自具有相应的优点和缺点(表1.2)，制约了其进一步的应用。近年来，在膜分离技术的基础上，将其与特殊浸润性相结合成为一大研究热点，有望研制出性能更稳定、通量更高且抗污染的新型超浸润网膜，推动该类方法在工业领域中的应用。

表1.2　常用油水分离技术的比较

分离方法	适用种类	优　点	缺　点
重力沉降法	浮油、分散油	处理量大、操作简单	分离效率低、占地面积大
离心分离法	分散油、少量乳化油	分离效率优异	维护较难、成本高
气浮选法	乳化油	破乳效果显著	高能耗、应用局限
絮凝法	乳化油	破乳效率优异	成本高、后处理困难
微生物法	乳化油、溶解油	环境友好	速度慢、适应性差
膜分离法	乳化油	占地面积小、无二次污染	寿命短、处理量小

1.3　固体表面浸润性理论基础

浸润性(又称润湿性)是在固体表面上产生的一种重要的物理行为，具体是指当液体与固体表面接触时，液体附着于固体表面或是浸入固体内部的现象，其本质是液体将气体取代并与固体发生接触的过程。无论是在自然界还是在人类的生产生活中，浸润性都有着十分重要的作用，如大自然中具有超疏水性能的荷叶表面、高黏附的玫瑰花瓣、具有抗油污性能的鱼鳞，还有生活中的防水表面、采油除水、液体输送、油墨印刷等各行各业均涉及浸润性的相关知识。经过多年研究，研究工作者发现浸润性主要受表面自由能和微观结构这两个因素共同影响，二者相互联系并共同作用[34-37]。接下来将分别介绍浸润性的基础理论及上述两个因素对固体表面润湿性的影响。

1.3.1　表面自由能

表面自由能是物体表面分子之间作用力的体现，与固体表面的浸润性息息相关，也是表面化学领域的重点研究内容。研究表明，固体的表面自由能越高，则越容易被一些液体润湿，如无机盐类、金属类、金属氧化物等均为高能表面；相反，表面自由能越低，则越不容易被液体润湿，如大部分高聚物、氟化物等均为低能表面。图 1.1 为不同表面自由能的固体表面及其对应的浸润行为,可以看到,固体的表面能从高到低分别会表现出亲水、中等亲水、疏水/亲油、疏水/疏油等不同浸润性[38]。因此,在制备材料的过程中,可以通过调控材料表面自由能的思路,调控其对特定液体的浸润行为。

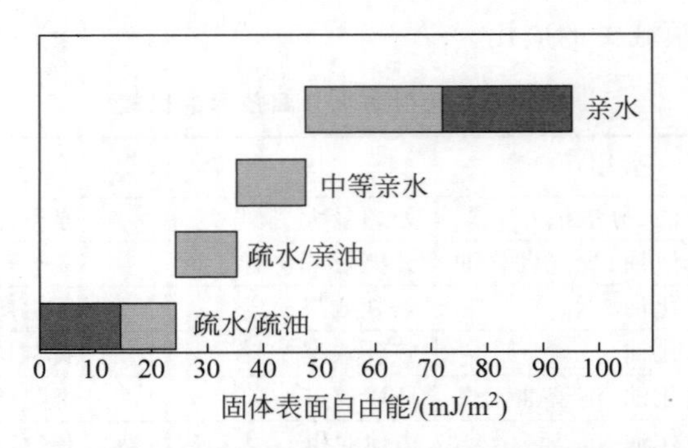

图 1.1 不同表面自由能的固体表面及其对应的浸润行为[38]

1.3.2 液体接触角相关理论

1.3.2.1 接触角定义与杨氏方程

表征固体表面浸润性最重要的物理参数是液体与固体表面的接触角,通常用符号 θ 来表示。如图 1.2 所示,当少量液体滴加至固体表面上时,液体在少数情形下会完全铺展,大部分情况下会在固体表面形成液滴,此时,在气/液/固三相交界处作出气/液界面的切线,该切线与固/液界面交界线的夹角即为此液体在该固体表面上的接触角。

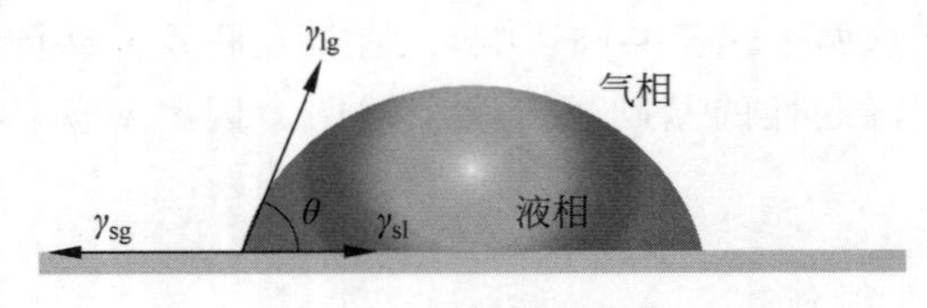

图 1.2 接触角的定义

如果所用的固体表面是理想光滑的,通过气/液/固三相界面间的受力分析,即可得出接触角,这种计算方法是由 Tomas Young 于 1805 年提出的[39],称为杨氏方程,表示如下:

$$\cos\theta = \frac{\gamma_{sg} - \gamma_{sl}}{\gamma_{lg}} \tag{1-1}$$

其中，γ_{sg}，γ_{sl}，γ_{lg} 分别代表固体的表面张力、固/液之间的界面张力及气体的表面张力。由于杨氏方程的适用条件为理想的光滑表面，在这种情况下得到的接触角称为本征接触角，也叫做杨氏平衡接触角。从式(1-1)可以看出，对于相同类型的液体，固体的表面张力越大，液体的本征接触角越小，表面更亲液；固体的表面张力越小，则液体的本征接触角越大，表面更疏液。而对于相同的固体表面，液体的表面张力越大，其本征接触角也就越大，也就是更不容易浸润该表面；若液体的表面张力越小，则本征接触角也就越小，说明该液体更易润湿固体表面。固体表面的亲/疏液性质是有一个界限的，一般情况下，亲液表面的液体接触角在 90°以下，而疏液表面的接触角是大于 90°的。更进一步地，将 $\theta<5°$ 和 $\theta>150°$ 的表面分别称为超亲液表面与超疏液表面。值得一提的是，近年来研究工作者通过计算与实验提出亲/疏水的接触角界限应该定义在 65°左右，这一新界限的可行性也被之后的一些工作所证实[40-41]。

1.3.2.2　前进角、后退角与滚动角

上述接触角是在液体静置于固体表面的情况下测得的，因此也叫做静态接触角。在实际情况中，固体表面往往不是完全光滑的理想表面，此时，液体在固体表面会存在一个滞后现象，因此除了静态接触角，还需要用动态接触角来进一步表征液体在固体表面的浸润性。如图 1.3 所示，在不断增加液体的过程中，液面会缓慢增高，接触角也随之增大，当三相接触线发生移动时，此时的接触角称为最大前进角(θ_{adv})。而当逐渐减少液体时，液面会缓慢降低，接触角会随之减小，同样当三相接触线移动时，此时的接触角则为最小后退角(θ_{rec})，上述两者的差值就是接触角滞后($\Delta\theta$)。而滚动角

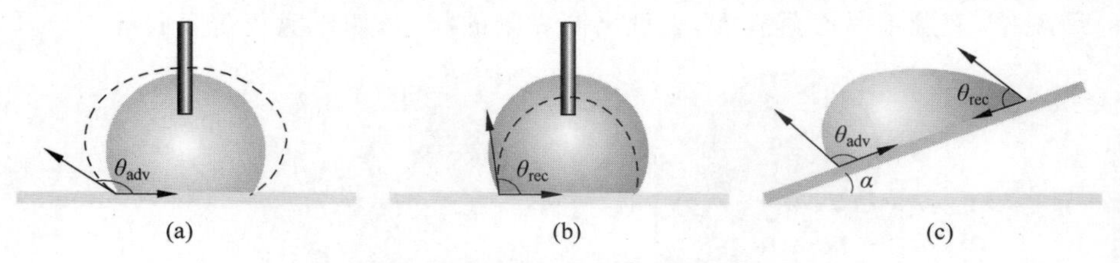

图 1.3　前进角、后退角与滚动角

(a) 前进角；(b) 后退角；(c) 滚动角

(θ_{rol})也可以表征这种性质，若逐渐倾斜固体表面，液滴的前端接触角会增加，产生前进角；后端接触角会减小，产生后退角，液滴即将滑动的时候表面的倾斜角 α 即为液体的滚动角，此角度通常为前进角与后退角之间的差值[42-43]。

1.3.3 固体表面粗糙度相关理论

在杨氏方程中得到的本征接触角是在完全光滑固体表面的条件下得到的，是一种理想的状态。而实际的表面往往都存在凹凸不平的粗糙结构，在这种情况下，微观尺度下的三相接触线并不连续，每一处的浸润情况都有区别，因此在宏观上会对实际的接触角产生较大的影响，此时的接触角称为液体的表观接触角，一般用 θ^* 来表示。研究至今，可以解释粗糙度对浸润性影响的模型主要有 Wenzel 模型和 Cassie 模型。

1.3.3.1 Wenzel 模型

该模型是由 Wenzel 在 1936 年首次提出的(图 1.4)[44]，对于粗糙表面，表观接触角与本征接触角之间存在如下关系：

$$\cos\theta^* = r\cos\theta \tag{1-2}$$

其中，θ^* 为 Wenzel 状态下的表观接触角；θ 为光滑表面上的本征接触角；r 为固体表面的粗糙度，具体指实际表面积与投影表面积之间的比值($r \geqslant 1$)。从液体与固体的浸润情况来看，这种接触属于一种完全润湿模型。Wenzel 方程指出：当固体表面的本征接触角 $\theta > 90°$时，增加固体表面的粗糙度可以使表观接触角更大；而当固体表面的本征接触角 $\theta < 90°$时，增加表面的粗糙度可以使表观接触角进一步减小。换言之，粗糙度的增加可以使原本亲液的表面更亲液，使原本疏液的表面更疏液。由于在这种状态下液体与固体表面充分接触和浸润，因此一般会出现较明显的接触角滞后现象，液滴不易滚落表面，表现出高黏附的状态，如玫瑰花瓣表面等[45]。

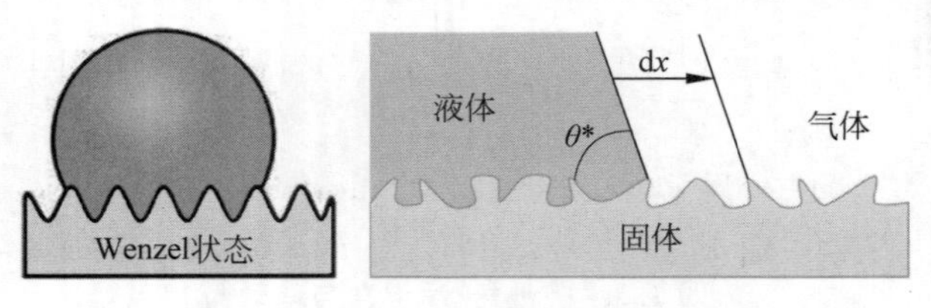

图 1.4 Wenzel 模型及其在固体表面的浸润行为[46]

1.3.3.2 Cassie 模型

当液体不能充分与粗糙表面接触时，Wenzel 方程便不再适用。针对这种情况，Cassie 等人于 1944 年提出了另一种浸润模型（图 1.5）[47]。在 Cassie 模型中，粗糙结构中不仅会有液体，还会存在气体，从而形成由固/液界面和气/液界面组成的复合界面，此时表观接触角 θ^* 与本征接触角 θ 之间存在如下关系：

$$\cos\theta^* = f_{sl}\cos\theta + f_{lg}\cos\theta_g \tag{1-3}$$

其中，f_{sl} 和 f_{lg} 分别对应固/液界面和气/液界面所占的面积分数。当固/液界面为平面时，$f_{sl} + f_{lg} = 1$，又因为 $\theta_g = 180°$，所以式（1-3）可以进一步简化为

$$\cos\theta^* = f_{sl}(\cos\theta + 1) - 1 \tag{1-4}$$

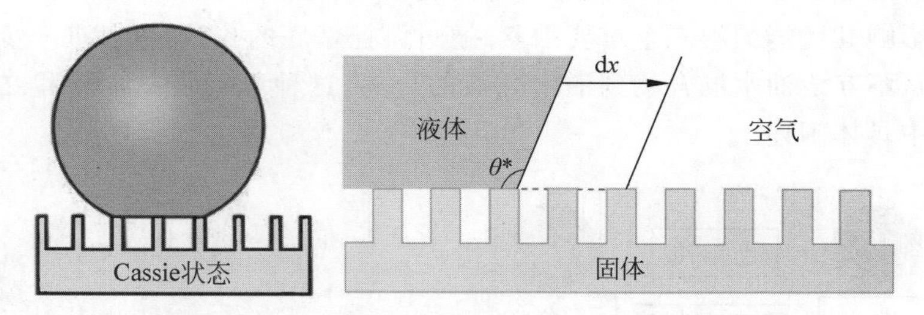

图 1.5 Cassie 模型及其在固体表面的浸润行为[46]

与 Wenzel 模型中液体表现出的滞后行为和高黏附性能不同，在 Cassie 模型中，正是由于粗糙结构中存在空气，导致液体与固体表面之间产生了非完全浸润的状态，这一层空气膜可以大大降低接触角的滞后现象，使固体表面表现出低黏附的状态，如水黾的脚、荷叶表面、蝴蝶翅膀等，对于低黏附、超疏液表面的制备具有重要的指导意义。

1.4 特殊浸润性油水分离材料研究进展

1.4.1 特殊浸润性油水分离材料设计思路

由上述固体表面浸润性的相关理论分析可以得出，影响表面浸润性的两个关键因素分别是表面化学组成和微观结构，二者共同决定固体表面最终的表面自由能与液体的浸润方式，因此，具有特殊浸润性的油水分离材料的设计需要同时考虑上述两个因素。而从杨氏方程中也可以看出，对于相

同类型的液体，固体的表面张力越大，表面更亲液，固体的表面张力越小，表面更疏液；对于相同的固体表面，液体的表面张力越大，越不容易浸润该表面，而表面张力越小，越容易润湿该表面。基于以上分析，研究者们一方面通过设计材料表面的化学组成，使其对油类和水具有不同的浸润性；另一方面通过合理构筑，使材料具有微观粗糙结构，以进一步放大其浸润性，便可以设计出多种类型的油水分离材料(图 1.6)。例如，具有超疏水/超亲油特殊浸润性的阻水型油水分离材料、具有超亲水/超疏油特殊浸润性的阻油型油水分离材料等[22,48-52]。在此基础上，通过引入具有刺激响应性的物质，可以设计出用于可控油水分离的智能响应型材料；而通过巧妙的设计，还可以制备出上下表面具有不同浸润性的 Janus 油水分离材料。可以说，特殊浸润性材料的设计过程充分体现了物质组成与微观结构共同决定材料性能的思想。近年来，针对过滤型分离材料，本课题组提出了基底孔径的大小是影响其性能的第三个重要因素，通过调控基底的孔径，可以进一步实现材料从不互溶油水混合物到油水乳液的分离，这种思路将在本章和之后的工作中具体阐述。

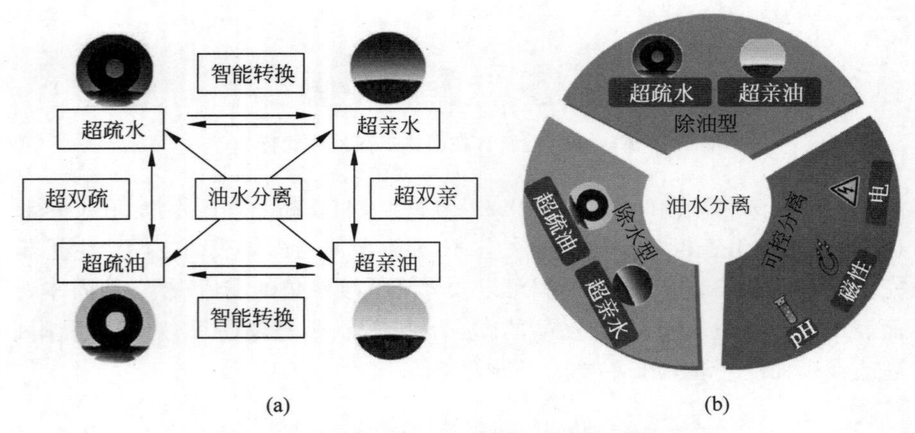

图 1.6　特殊浸润性油水分离材料的设计与分类

(a) 特殊浸润性材料的设计思路；(b) 不同类型的特殊浸润性油水分离材料[22,48]

1.4.2　阻水型油水/乳液分离材料

1.4.2.1　具体设计思路

阻水型特殊浸润性材料可以将油水混合物中的水相阻隔，使油相过滤或吸附，因此需要具备超疏水/超亲油的特殊浸润性。通过选取合适的材料，如聚合物、硅烷等，控制其表面张力在水相和油类之间（水的表面张力约为 72 $mN \cdot m^{-1}$，油类的表面张力大多在 20～30 $mN \cdot m^{-1}$），再进一步通过构筑粗糙结构来放大浸润性，便可以制备出满足上述条件的分离材料。研究至今，多种类型的过滤型和吸附型阻水型特殊浸润性材料已经被制备出来，并应用在不互溶油水混合物和油包水乳液的分离中。

1.4.2.2 阻水型材料用于不互溶油水混合物的分离

过滤型阻油型油水分离材料早在 2004 年就已经被中国科学院化学所江雷课题组所报道，他们采用不锈钢网作为修饰基底，通过简单的喷涂法，将具有低表面能的聚四氟乙烯(PTFE)聚合物成功修饰在网类基底上，并形成了粗糙的微纳复合结构，制备出的网膜具有优异的超疏水/超亲油特殊浸润性[53]。当柴油/水不互溶油水混合物倾倒至网表面时，柴油会迅速通过网膜，水则被阻隔在外，从而完成重力驱动下的油水分离。

经过多年的发展，浸渍法、水热法、化学气相沉积法、电纺丝法、溶胶凝胶法等方法被用来制备具有疏水/亲油浸润性的材料，而各类金属网、织物网、海绵等孔径在几十微米到几百微米之间的网膜通常被选作合适的修饰基底[54-57]。例如，Zhang 等通过一种简单的浸渍方法，将氟硅烷修饰在事先被铬酸腐蚀的聚氨酯海绵基底上，制备出了具有超疏水/超亲油性能的海绵材料，铬酸对海绵的腐蚀可以在海绵表面构造出粗糙的结构，从而放大表面的浸润性，氟硅烷修饰则同时赋予了该材料抗酸碱盐的能力，从而可以用于多种情况下的油水分离（图 1.7(a)～(d)）[58]。在修饰物方面，除了含氟物以外，无氟的大分子或聚合物同样可以用来构筑阻水型材料[59-64]。Song 等人就报道了一种硬脂酸修饰的超疏水/超亲油网膜，他们选用不锈钢网作为基底，首先将其浸入氯化铜与盐酸溶液中构建出树叶状粗糙形貌，之后在乙醇溶液中通过浸渍的方法修饰硬脂酸。他们进一步设计了一种集油装置，将网膜固定在顶端，可以实现油泄漏事故中漂浮在水面上的轻油的收集（图 1.7(e)～(h)）[65]。上述油水分离材料均是借助已有的多孔基底，通过修饰低表面能物质来实现超疏水/超亲油浸润性的。而直接制备出自支撑的多孔特殊浸润性材料是另一种有效的方法，这样制备出的油水分离材料具有性质均一、性能更加稳定等优势。Yu 等人通过相转化法，制备出了多孔氮化硼/聚偏氟乙烯(BNNS/PVDF)自支撑材料，这种材料同时具备粗糙结构和超疏水/超亲油特殊浸润性，可以进行高通量的油水分离

(图1.7(i)～(k))[66]。除此之外,聚乳酸多孔网膜、二氧化硅-纳米纤维膜等自支撑材料也被设计出来[67-68]。

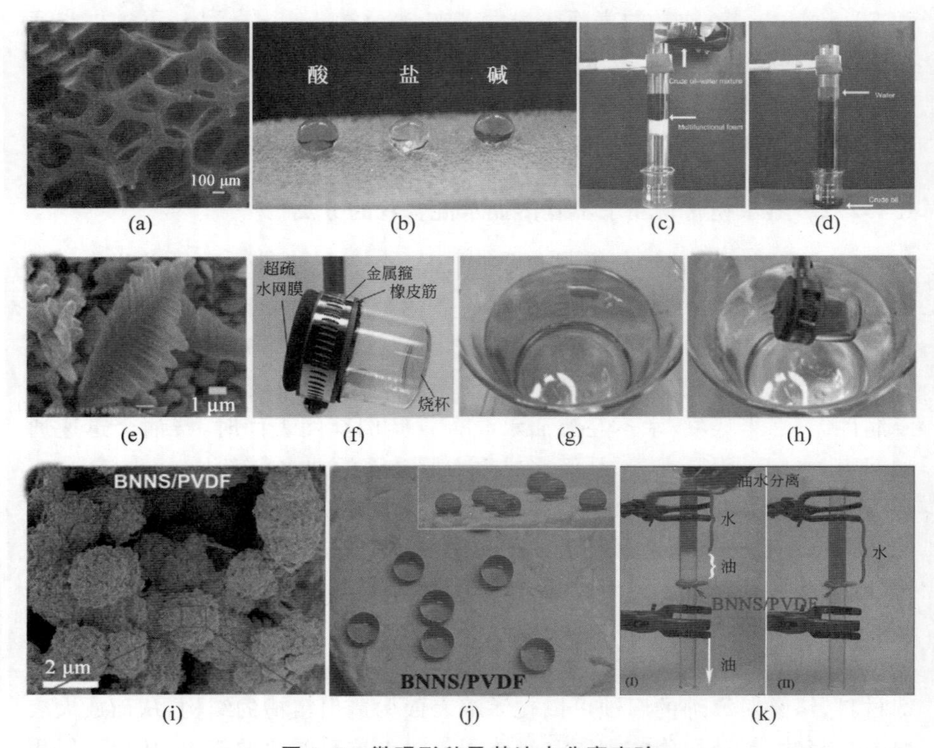

图1.7　微观形貌及其油水分离实验

(a) 氟硅烷修饰海绵的扫描电镜图;(b) 海绵的耐酸、耐碱、耐盐性质;(c)和(d) 海绵的油水分离实验;(e) 硬脂酸修饰铜网的扫描电镜图;(f) 油水分离装置图;(g)和(h) 网膜的油收集实验;(i) 自支撑氮化硼/聚偏氟乙烯材料的扫描电镜图;(j) 自支撑氮化硼/聚偏氟乙烯材料的超疏水性质;(k) 自支撑氮化硼/聚偏氟乙烯材料的油水分离实验[58,65-66]

与过滤型油水分离材料不同,吸附型多孔阻水材料能够将不互溶油水混合物中的油相吸收,同时排除水相,因此多用于油泄漏事故和油污染事故等需要收集浮油的领域[69-71]。例如,Bi等人以常见的本身具有粗糙多孔结构的原棉材料为反应物,通过一步简单的热解法制备出性能稳定的碳气凝胶自支撑材料(图1.8)[72]。该类材料具有超疏水/超亲油特殊浸润性,可以从水中吸附包括甲苯、菜籽油、橄榄油、原油等多种油相,且吸附能力最高可以达到自身重量的192倍。更重要的是,通过简单的挤压或燃烧,这种碳气凝胶可以重复使用多次。

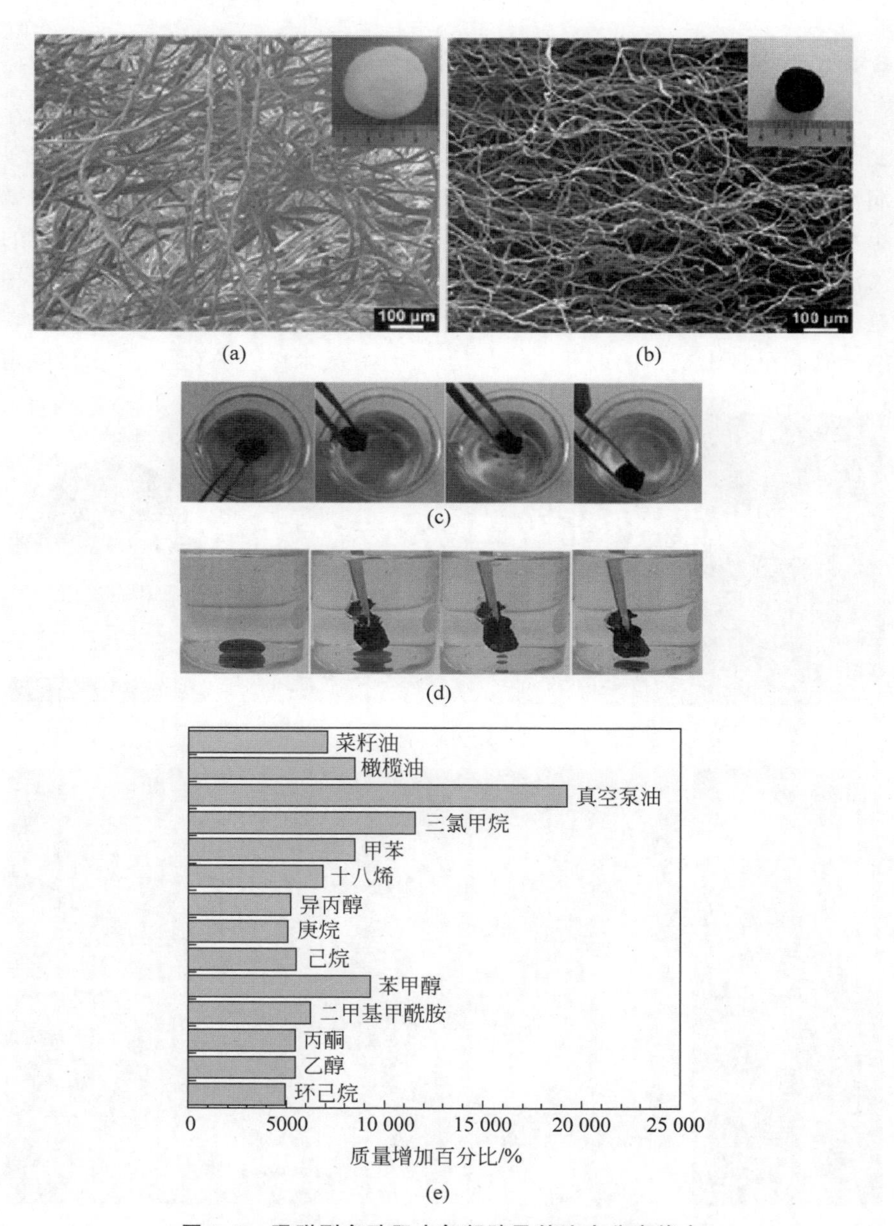

图 1.8　吸附型多孔阻水气凝胶及其油水分离能力

(a) 原棉材料的表面形貌；(b) 碳气凝胶材料的表面形貌；(c) 碳气凝胶的轻油吸收实验；(d) 碳气凝胶的重油吸收实验；(e) 碳气凝胶材料的油类收集能力[72]

1.4.2.3 阻水型材料用于油包水乳液的分离

油包水型乳液与不互溶油水混合物相比，具有更小的水相粒径（一般在 20 μm 以下），因此分离难度也更大，除了需要同时具备疏水/亲油的特殊浸润性和粗糙的多孔结构，还需要进一步减小孔径，以阻隔分散在油相中的微小水滴，才能实现有效的乳液分离。近几年，这类阻水型材料得到了一定的关注和研究[73-77]，例如，Jin 课题组通过一步真空抽滤的方法，制备出一种超细的自支撑单壁碳纳米管网膜（图 1.9）。从透射电镜图中可以看到，碳纳米管膜呈现出交错的多孔网状结构，并具有微米级别的孔径，且水接触角

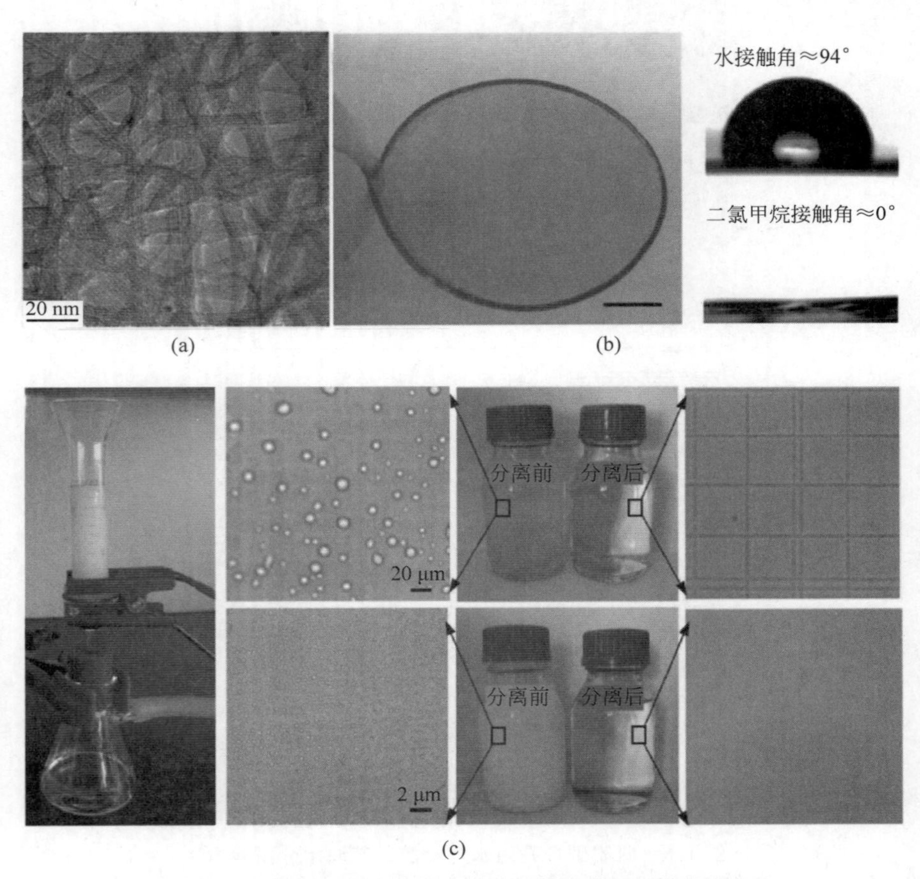

图 1.9 阻水型自支撑单壁碳纳米管网膜用于乳液分离

(a) 单壁碳纳米管自支撑网膜的表面形貌；(b) 单壁碳纳米管自支撑网膜的特殊浸润性；(c) 单壁碳纳米管自支撑网膜的油包水型乳液分离装置及分离效果[78]

在94°左右，呈现出疏水/亲油的特殊浸润性。因此，当油包水乳液通过网膜时，分散相水滴被阻隔在网膜表面，油相则顺利通过，从而成功实现乳液分离[78]。

1.4.3　阻油型油水/乳液分离材料

1.4.3.1　具体设计思路

不同于阻水型油水分离材料，阻油型油水分离材料大多具有超亲水/超疏油的特殊浸润性，因此可以使不互溶油水混合物或油水乳液中的水相顺利通过网膜，油相则被阻隔在外。更重要的是，该类材料本身的亲水性赋予了其优异的自清洁和防油污能力，从而在不互溶油水混合物或水包油乳液分离领域展现出很好的应用前景，得到了广泛研究[48]。根据表面浸润性相关理论，该类材料的表面自由能需要同时大于水相、小于油相方可具备亲水疏油的能力，然而水的表面张力高于油，因此理论上是无法直接设计出这类材料的。经过多年的探索，研究工作者们在该领域取得了一定的突破并设计出几种构筑方法。第一种设计思路的灵感源于具有优异抗油污性能的鱼鳞，其原理可以用固/液/液体系的浸润性来解释，在该体系下杨氏方程同样适用，假设油相为 l_1，水相为 l_2，则油相 l_1 在气相中、水相 l_2 在气相中及油相 l_1 在水相 l_2 中的杨氏方程分别为

$$\gamma_{s\text{-}g} = \gamma_{l_1\text{-}s} + \gamma_{l_1\text{-}g}\cos\theta_1 \tag{1-5}$$

$$\gamma_{s\text{-}g} = \gamma_{l_2\text{-}s} + \gamma_{l_2\text{-}g}\cos\theta_2 \tag{1-6}$$

$$\gamma_{l_2\text{-}s} = \gamma_{l_1\text{-}s} + \gamma_{l_1\text{-}l_2}\cos\theta_3 \tag{1-7}$$

其中，θ_1 和 θ_2 分别为油相和水相在空气中的接触角，$\gamma_{l_1\text{-}l_2}$ 为油相/水相之间的界面张力，油相在水相中的接触角则记为 θ_3。将式(1-5)～式(1-7)联立，可得如下方程：

$$\cos\theta_3 = \frac{\gamma_{l_1\text{-}g}\cos\theta_1 - \gamma_{l_2\text{-}g}\cos\theta_2}{\gamma_{l_1\text{-}l_2}} \tag{1-8}$$

通过计算可以得知：如果一种材料表面具有良好的亲水性，则其在水环境中会表现出疏油的特殊浸润性(图1.10)[23,79-81]。更重要的是，Cassie模型在这种情况下同样适用，通过构建粗糙结构，可以进一步放大此类材料的浸润性，从而制备出具有超亲水/水下超疏油特殊浸润性的阻油型油水分离材料。

第二种设计思路则是设法将具有超亲水和超疏油浸润性的两种分子通

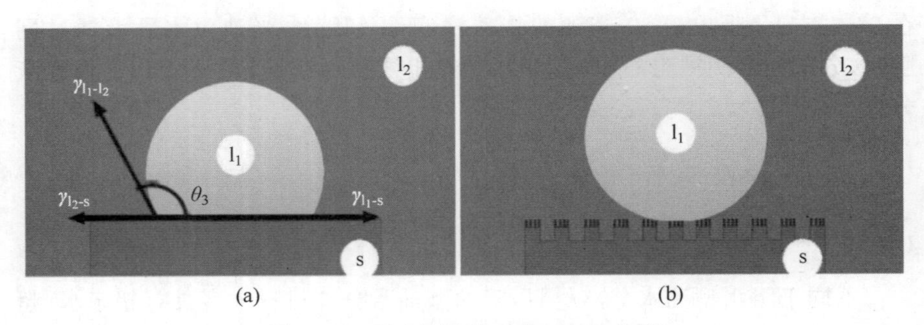

图 1.10　固/液/液体系与 Cassie 模型

(a) 固/液/液体系中的浸润行为；(b) 粗糙结构对浸润性的影响[81]

过化学反应结合在一起，从而制备出在空气中具有超亲水/超疏油特殊浸润性的油水分离材料。这种材料也会在后面进行简单介绍。

1.4.3.2　阻油型材料用于不互溶油水混合物的分离

2011 年，Xue 等人的工作开创了超亲水/水下超疏油特殊浸润性材料的先河，他们将亲水的聚丙烯酰胺水凝胶成功聚合在不锈钢网基底上，构造出了类似鱼鳞的粗糙结构，所制备的网膜可以让水相迅速通过并阻隔油相，实现高效率的不互溶油水混合物分离[82]。在这类材料的设计上，亲水聚合物和无机物均可以作为理想的修饰层或基底。近几年，聚乙烯醇水凝胶修饰网膜、壳聚糖修饰网、硅胶修饰织物、纤维素水凝胶尼龙网、二氧化钛修饰网膜、氧化物修饰网、无机纳米线铜网等阻油型材料已经被成功制备出来[83-102]。例如，Gao 等人以本身亲水的硝酸纤维素膜为基底，通过一种简单的穿孔法制备出了多孔网膜(图 1.11(a)～(b))。该网膜具有双尺度网孔、粗糙结构和超亲水/水下超疏油的特殊浸润性，可以实现快速的油水分离[103]。Liu 的课题组通过模仿鱼鳞结构，用等离子体表面处理的方法制备出了氧化石墨烯(GO)修饰网膜(图 1.11(c)～(e))，该网膜同样可以实现包括豆油、甲苯、石油醚在内的多种不互溶油水混合物的分离[104]。

而在制备空气中超亲水/超疏油特殊浸润性油水分离材料方面，Zhang 等人于 2012 年首先通过在水中合成聚二烯丙基二甲基氯化铵(PDDA)与全氟辛酸钠(PFO)使聚合物表面同时含有亲水的羰基、季铵基团及疏油的含氟基团，然后进一步用二氧化硅小球修饰创建了粗糙结构，最后通过简单的喷涂法将这种聚合物修饰在不锈钢网基底上，便可以制备出具备空气中超亲水/超疏油特殊浸润性的阻油型油水分离材料(图 1.12)[105]。该类材

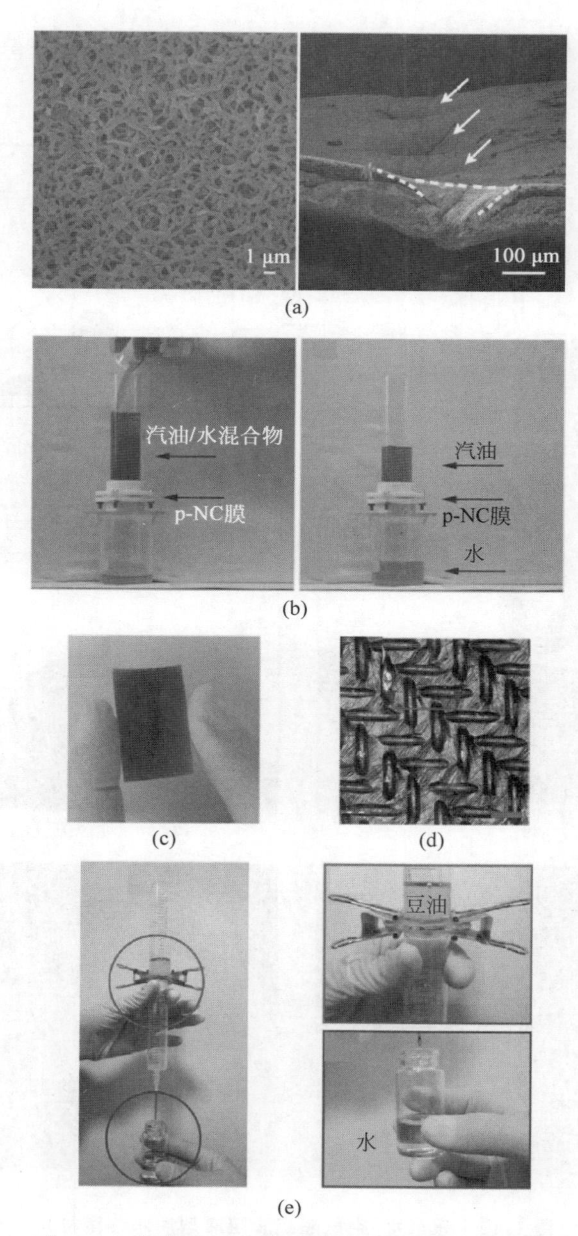

图 1.11 超亲水/水下超疏油阻油型油水分离材料

(a) 硝酸纤维素膜的微观形貌；(b) 硝酸纤维素膜的油水分离实验；(c) 氧化石墨烯修饰网膜的数码照片；(d) 氧化石墨烯修饰网膜的微观形貌；(e) 氧化石墨烯修饰网膜的油水分离实验[103-104]

料在空气中便可以阻隔油相，同时使水相透过网膜。这种类型的材料在油水分离领域也具有重要的应用意义[106]。

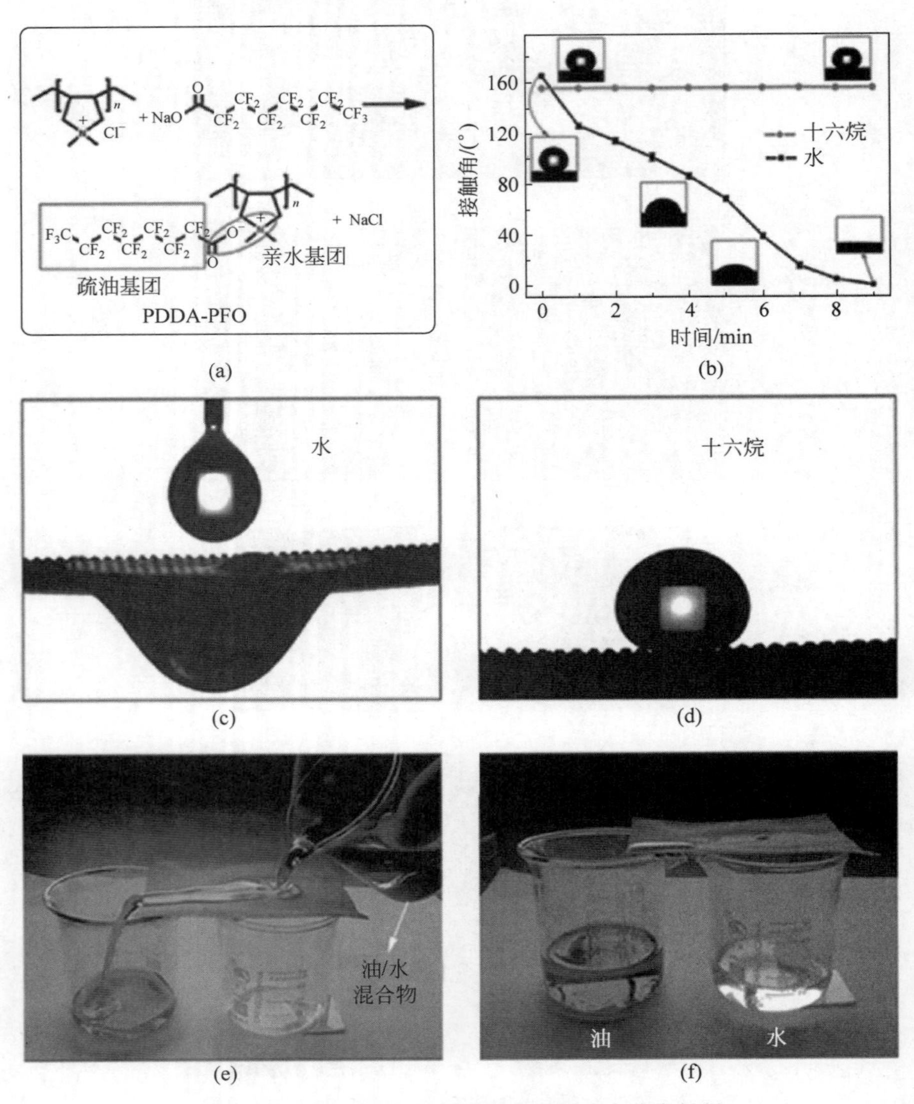

图 1.12　超亲水/空气超疏油阻油型油水分离材料

(a) PDDA-PFO 聚合物合成路线及分子式；(b) 修饰时间对浸润性的影响；(c) 网膜在空气中的水接触角；(d) 网膜在空气中的油接触角；(e)网膜的油水分离实验；(f) 油水分离后的数码照片[105]

1.4.3.3　阻油型材料用于水包油乳液的分离

对于分散相粒径很小的水包油乳液的分离，同样需要进一步减小过滤型材料的孔径，使其在具有亲水/疏油特殊浸润性的基础上进一步阻隔乳液中的分散相油滴。因此，具有微米级小孔径的织物基底、微孔网膜基底或通过电纺丝等方式制备的自支撑网膜成为乳液分离材料的首选。例如，Si 等人首先通过静电纺丝的方法制备出小孔径的多孔二氧化硅网膜(SNF)，之后再将铁酸镍($NiFe_2O_4$)纳米颗粒修饰到网膜基底上，构建出微纳复合结构(图 1.13)[107]。该网膜具有超亲水/水下高疏油的特殊浸润性，因此当水包油乳液透过网膜时，连续相水可以透过网膜并形成水膜，分散相油滴则被阻隔在外，从而实现乳液分离。此外，四氧化三钴修饰网、聚多巴胺-聚醚酰亚胺修饰膜、两性离子的聚合电解质修饰膜等材料也被成功制备并应用在乳液分离领域[108-116]。

1.4.4　智能响应型油水分离材料

无论是阻水型还是阻油型油水分离材料，都只具有单一的浸润性，因此在不同类型油水混合物的分离上具有一定的局限性。智能响应型油水分离材料则很好地弥补了上述缺陷。通过引入具有响应性的物质，结合粗糙结构的构建，便可以制备出浸润性可以发生转变的油水分离材料，这种多功能性进一步扩展了特殊浸润性材料的应用领域。

研究发展至今，已经有多重响应型油水分离材料被设计出来并应用于可控不互溶油水分离中。例如，Cheng 等人以表面生长了氢氧化铜纳米棒的粗糙铜金属网作为基底，通过将端基分别为甲基与羧基的两种硫醇分子修饰在网表面，制备出了具有 pH 响应性的网膜(图 1.14(a))[117]。在酸性与中性条件下，网膜表面的羧基呈现质子化状态，因此具有超疏水/超亲油的特殊浸润性，可以作为阻水型油水分离材料使用；而当溶液的 pH 进一步升高，变为碱性时，羧基会发生去质子化过程，浸润性会发生改变，表面呈现出超亲水/水下超疏油特殊浸润性，此时网膜会让水相通过并阻隔油相，可以作为阻油型油水分离网膜来使用，从而实现可控油水分离的过程。

与 pH 响应不同，Tuteja 课题组在 2012 年通过浸渍的方法，将氟化的笼型聚倍半硅氧烷与聚二甲基硅氧烷共混聚合物(Fluorodecyl POSS+x-PDMS)修饰在尼龙膜基底上，从而制备出具有电响应性能的油水分离网膜(图 1.14(b))[118]。在未加电压的情况下，该网膜具有优异的超双疏浸

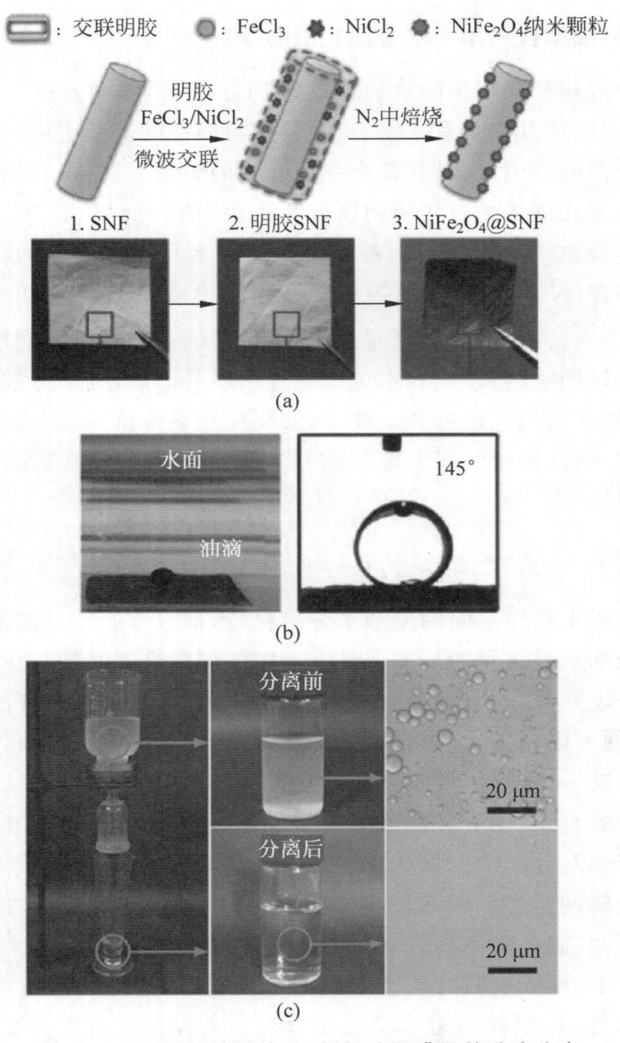

图 1.13　阻油型铁酸镍/二氧化硅网膜及其乳液分离

(a) 铁酸镍/二氧化硅网膜的制备过程与形貌；(b) 网膜的水下接触角测试；(c) 水包油乳液分离实验[107]

润性，而当电压从 0 V 升至 2.0 kV 时，网膜的浸润性会由超疏水变为超亲水，因此可以使水相通过。Xu 等人同样通过简单的浸渍法，将二氧化硅纳米颗粒与十七氟壬酸修饰的二氧化钛溶胶在聚氨酯海绵与聚酯布等基底上反应，制备出可以进行气体响应的油水分离材料(图 1.14(c))[119]。在与氨气

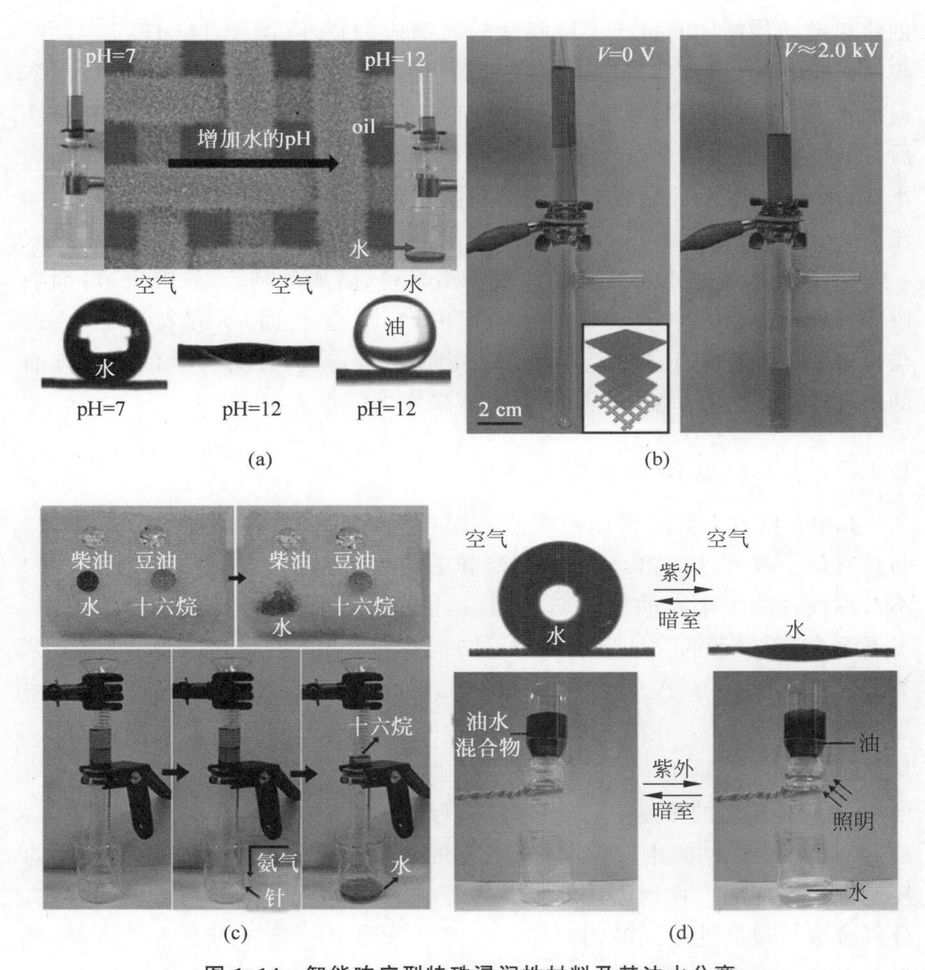

图 1.14 智能响应型特殊浸润性材料及其油水分离

(a) 硫醇修饰 pH 响应网膜的浸润性转变与可控油水分离实验；(b) POSS+x-PDMS 修饰网膜的电响应性能测试；(c) 气体响应特殊浸润性材料及其可控油水分离；(d) 氧化锌修饰网膜及其光响应浸润性转变与油水分离实验[117-120]

反应前，所制备的材料具有超疏水/超疏油的特殊浸润性，当通入氨气仅仅 3 s 后，材料的浸润性就会转变为超亲水/超疏油的状态，这是由于整个过程中形成了亲水的羧酸铵盐离子。利用这一特点，此类材料可以进行可控油水分离或油泄漏事故中水相的收集等。光照是一种十分便捷的响应手段，Zhai 课题组以不锈钢网作为基底，在网膜表面生长了 ZnO 纳米棒阵列，在创建粗糙结构的同时赋予了网膜紫外光响应的特性(图 1.14(d))[120]。网膜在黑暗中放置后,本身呈现出超疏水/超亲油特殊浸润性,可以进行一系列油水混合物的分离,收集到纯净的油相;当用紫外光照射网膜约 0.5 h 后,网膜表面变为超亲水/水下超疏油特殊浸润性,可以通过油水分离收集水相,阻隔油相。更重要的是,该浸润性转变是可重复的,于黑暗处放置 7 d 左右,又会变为超疏水/超亲油状态。

除了上述几种智能响应型油水分离材料,诸如热响应、磁响应、溶剂响应等特殊浸润性材料也得到了大量研究[121-126]。然而,研究发展至今,这类材料依然只能用于不互溶油水混合物的可控分离,在可控乳液分离方面的研究较少,这也是智能响应型材料未来发展的重点。

1.4.5 Janus 型油水分离材料

Janus 膜是一类两侧具有截然不同浸润性的材料。在油水分离领域,与具有均一浸润性的阻水型、阻油型和响应型材料相比,Janus 膜浸润性的不对称往往能带来新的性能与应用,也因此在近几年得到了广泛的关注。发展至今,研究者们设计出了三种不同构型的 Janus 网膜,分别是"A on B"类、"A and B"类与"A to B"类(图 1.15,膜的上、下表面的涂层分别为 A 涂层和 B 涂层)[127]。在第一类 Janus 膜中,两种涂层具有明显不同的厚度,从而会产生各向异性运输等功能;而在"A and B"类 Janus 膜中,涂层 A 与涂层 B 具有相似的厚度,它们或本身紧贴在一起,或紧贴在中间层基底上;最后一类 Janus 网膜中,两种涂层之间并没有明显界限,也就是说该网膜的浸润性是渐变的。在两面性网膜的制备中,既可以通过非对称合成的方式,分别合成出浸润性不同的两层膜;也可以采用单面修饰的方法,将一种材料其中的一面保持不变,另一面通过反应修饰不同的物质来制备。

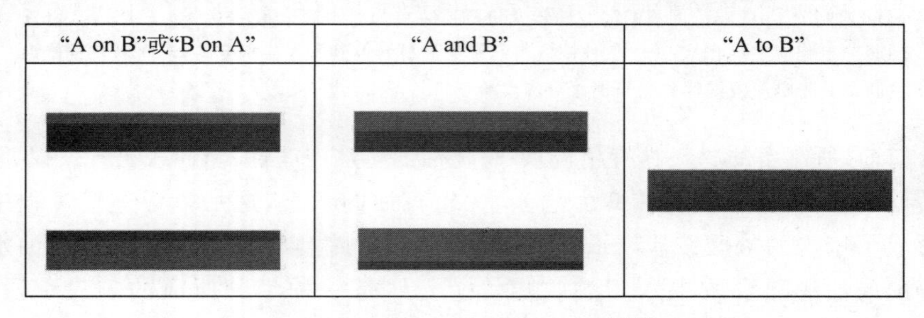

图 1.15 Janus 膜的三种类型[127]

目前,Janus 膜在油水分离领域中的应用多集中在利用"A on B"网膜上、下表面层厚不同这一性质,进行各向异性的液体运输或不互溶油水混合物的分离[128-131]。例如,Wu 等人通过静电纺丝的方法,制备出了疏水聚氨酯-亲水聚乙烯醇 Janus 网膜(图 1.16),其中疏水层的厚度远低于亲水层的厚度。所制备的网膜表现出了很好的单向水运输特性,当网膜的疏水面朝上时,水滴会从疏水膜一侧穿透网膜,这是由于水滴与亲水面接触时,在静压力与毛细力的共同作用下,疏水层产生的疏水力不足以支撑液滴;相反,当网膜的亲水面朝上时,水滴首先会铺展开来,之后才会与疏水层接触,这样产生的疏水力可以支撑液滴,所以水滴不会穿透网膜[132]。这类"水二极

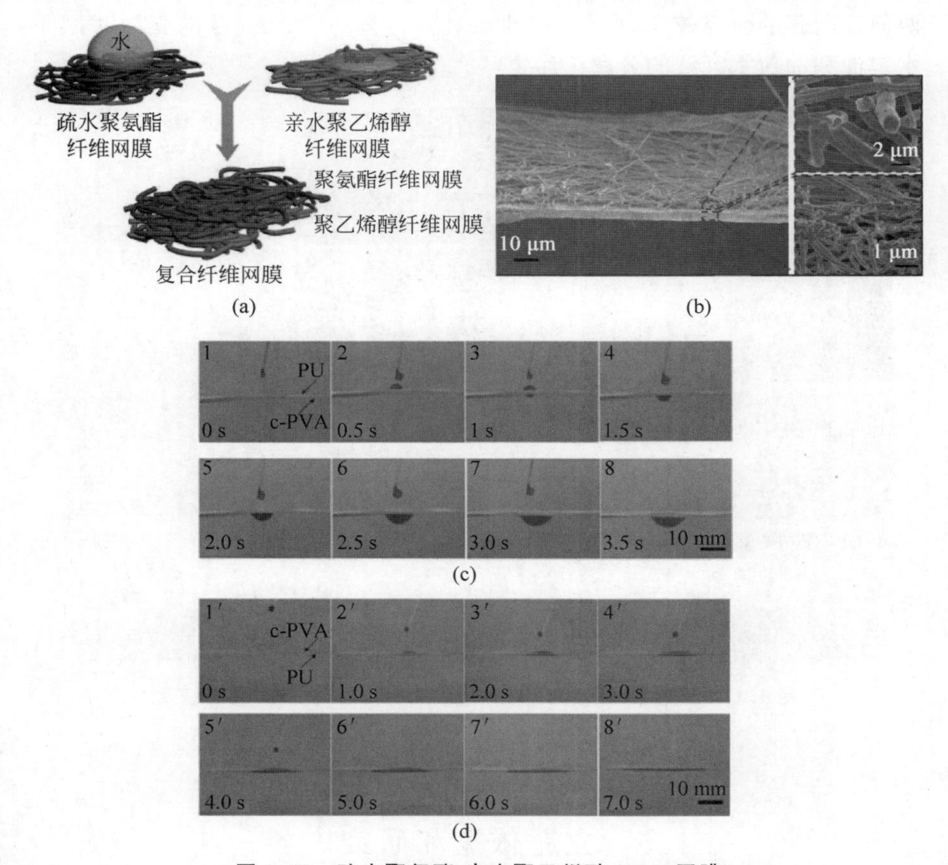

图 1.16 疏水聚氨酯-亲水聚乙烯醇 Janus 网膜

(a) 聚氨酯-聚乙烯醇 Janus 网膜的制备示意图;(b) 网膜表面微观形貌;(c) 水滴从网膜的聚氨酯侧浸润的演示实验;(d) 水滴从网膜的聚乙烯醇侧浸润的演示实验[132]

管”网膜在液体输送领域具有十分重要的意义。

与“水二极管”Janus 网膜类似，Wang 等人于 2015 年制备出一种“油二极管”Janus 网膜，可以单向通过油相（图 1.17）[133]。他们同样采用电纺丝的方法，将本身疏水/亲油的聚偏氟乙烯-六氟丙烯（PVDF-HFP）涂层与疏水/疏油的加入笼型聚倍半硅氧烷的聚偏氟乙烯-六氟丙烯（PVDF-HFP/POSS）涂层结合在一起，油滴只能单向从疏油膜一侧穿透，水滴则从网膜的任何一侧都不能通过。因此，该网膜可以实现高效的油水分离，在分离过程中，油相会单向通过网膜，水相则会被阻隔。Janus 材料研究至今，大多工作都在利用两层之间的协同作用来实现油水分离，对两层涂层各司其职的两面性网膜的研究较少，此外，在油水乳液分离方面，Janus 网膜同时用于水包油和油包水乳液的分离工作也鲜有报道。

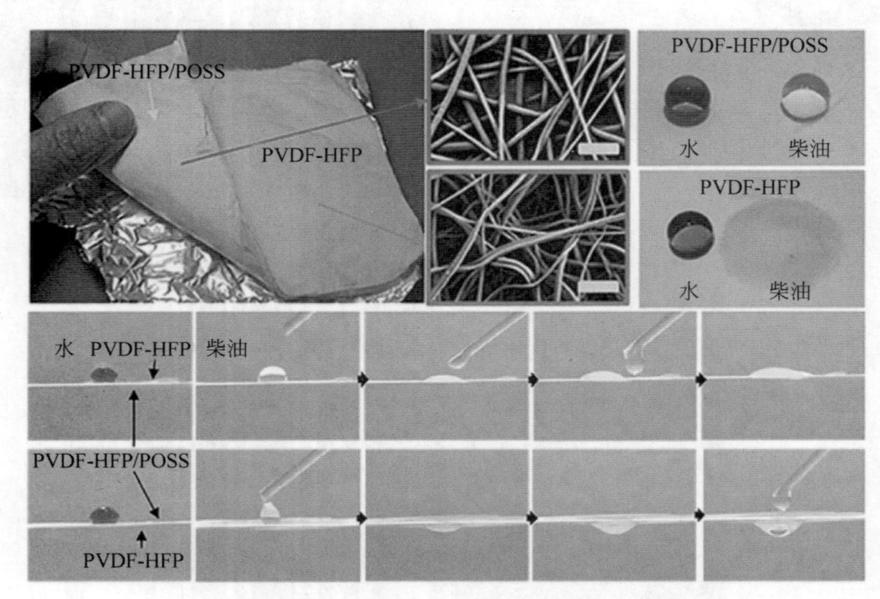

图 1.17　超疏油-超亲油 Janus 网膜的表面形貌、浸润性表征及油滴单向通过实验[133]

1.5　立题依据和研究内容

随着人类社会的不断发展，油水分离已经成为当今世界急需解决的一大难题，本着改善生态环境和可持续发展的理念，开发出有效的油水分离方法并应用在实际领域中刻不容缓。特殊浸润性油水分离材料作为一种新兴材料得到了大量的研究。如前所述,经过多年的发展,虽然诸如阻油型、阻水型、智能响应型、Janus 网膜等形形色色的特殊浸润性材料已经被制备出来,并在油水分离领域得到了一些应用,但是仍存在一些关键问题亟待解决。第一个关键问题是如何进一步扩展特殊浸润性材料的多功能性与可控油水分离能力,实际油水处理情形往往非常复杂,多种类型的混合物往往同时存在,因此开发材料的多功能性具有重要的研究价值。然而在以往的大部分工作中,一方面,所制备的具有单一浸润性的网膜没有考虑到孔径的改变对从不互溶油水混合物到油水乳液可控分离的影响;另一方面,在智能响应型与 Janus 网膜的应用中,只能实现不互溶油水混合物的可控分离,无法实现稳定水包油乳液和油包水乳液的可控分离。第二个关键问题是如何实现稳定乳液体系的分离,之前工作中所用的乳液大多是不加表面活性剂或表面活性剂加入量较少的水包油或油包水乳液,这类乳液一般是不稳定的,静置一段时间就会自动破乳,面向实际应用,开展可以分离稳定乳液的特殊浸润性材料至关重要。第三个关键问题在于如何实现更高效的油水分离,之前的大部分工作并没有关注高效油水分离如何界定的问题,也没有对分离后的滤液是否达到工业排放标准这一问题予以关注。

针对上述问题,本书立足于解决特殊浸润性材料在油水分离领域中存在的关键问题,以材料表面化学组成、粗糙结构和基底孔径共同决定特殊浸润性材料性能为设计思路,以材料的可控分离、高效分离与实际应用为目的,尝试制备一系列具有不同性能、面向实际应用的油水分离材料。具体的研究内容(图 1.18)如下:

(1) 溶剂热法修饰阻水型网膜用于可控油水分离的研究。针对目前阻水型油水分离材料难以实现稳定乳液分离与可控油水分离等问题,提出一种简单易行的溶剂热方法,通过将低表面能物质二乙烯基苯聚合并牢固修饰在不同种类的多孔基底上,再进一步调控基底的孔径,以实现从油水分离到稳定油包水乳液分离的可控分离。选用孔径相对较大(几十微米左右)的网类基底,网膜可以用于高效率的油/海水混合物分离;当基底为孔径较小的网膜基底时,网膜可以捕捉油相中微小的水滴,实现高效率的纳米级油包水稳定乳液的分离。此外,材料还表现出了优异的稳定性,油水分离无需后处理,本书的研究中所用的溶剂热法也是一种简单易行、经济实用、环境友好的制备方法,可以在实际的工业生产中应用。

(2) 溶剂热法修饰阻油型网膜用于稳定水包油乳液分离的研究。针对

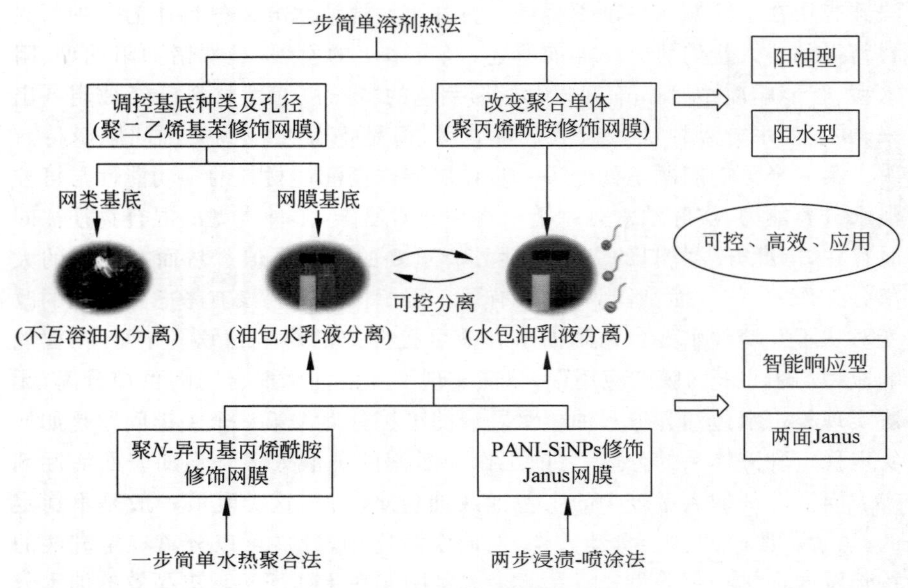

图 1.18　本书的研究内容

目前阻油型材料难以实现稳定乳液分离、分离乳液种类有限等问题，本书的研究以亲水的丙烯酰胺作为聚合单体，二乙烯基苯作为交联剂，通过一步简单的溶剂热修饰聚合方法，制备出了阻油型聚合物修饰的尼龙网膜。采用二乙烯基苯作为交联剂可以进一步提高基底和聚合物之间的结合力。通过本身的超亲水/水下超疏油特殊浸润性及微米级别的孔径，网膜对多种类型的高度稳定水包油乳液（包括阴离子型、阳离子型和非离子型乳液）均具有优异的分离能力。此外，该网膜具有的抗酸碱能力、重复使用性能和高乳液分离效率等优势为阻油型乳液分离网膜的工业化应用提供了可能。

（3）热响应聚合物修饰网膜用于不同类型乳液的可控分离的研究。针对智能响应型特殊浸润性材料难以实现可控乳液分离的问题，本书的研究通过简单经济的水热聚合方法，将具有热响应的 *N*-异丙基丙烯酰胺单体聚合并修饰在微孔网膜基底上。所制备的网膜可以在不同的温度下进行稳定水包油和油包水乳液的可控分离。当温度低于其最低临界共溶温度（LCST）时，网膜表现为超亲水的浸润性，可以用于多种类型水包油乳液的分离；当温度高于其最低临界共溶温度（LCST）时，网膜浸润性转变为疏水，可以实现稳定油包水乳液的分离。此外，网膜还具有优异的循环使用性能和乳液分离效率，在废水处理、油泄漏事故处理、燃油净化和远程乳液分离控制单元等领域具有良好的应用前景。

(4) 超疏水-超亲水 Janus 网膜用于符合工业排放标准的可控乳液分离的研究。针对目前 Janus 网膜难以实现可控乳液分离、油水分离材料的分离效率大多无法达到工业标准等关键问题,本书的研究通过两步浸渍-喷涂的方法,将亲水聚合物聚苯胺与疏水二氧化硅纳米粒子成功修饰在微孔网膜的上、下表面,制备出两面浸润性不同的 Janus 网膜材料,可以同时实现高效水包油乳液和油包水乳液的分离。其中,当亲水面在分离过程中朝上时,可以实现多种类型的水包油乳液分离;而疏水面朝上时,可以实现稳定的油包水乳液分离。更重要的是,该网膜的乳液分离效率极高,对于水包油乳液与油包水乳液的分离效率均达到了工业标准。因此,本书的研究拓宽了该类材料的应用范围,推动了其在高效油水分离领域的发展。

第2章 溶剂热法修饰阻水型网膜用于可控油水分离的研究

2.1 引 论

如何有效分离油水混合物中的不互溶油水混合物和粒径小于 20 μm 的水包油或油包水乳液对于处理含油废水和油泄漏事故至关重要。

特殊浸润性界面材料的发展已经引起了科学家的广泛兴趣。其中，具有疏水/亲油特殊浸润性的阻水型油水分离材料得到了大量的研究，随着研究的不断深入，这类材料已经可以应用于油水乳液的分离。然而，之前的诸多工作在处理高度稳定的油包水乳液方面存在诸多问题。此外，尽管大量的特殊浸润性材料已经被成功合成出来，大部分材料却难以满足实际生活中油水分离的苛刻条件(如酸性或高盐度水溶液存在的情况)。更重要的是，大部分工作都仅仅针对一种油水混合物的分离，没有将多种混合物结合起来。因此，对科研工作者来说，设计出真正可以应对实际油水分离和乳液分离领域严苛条件的材料仍然任重而道远。

聚二乙烯基苯(PDVB)是一种疏水的纳米多孔高分子材料，可以用溶剂热法合成。这种高分子材料可以吸附某些有机化合物[134-136]。除此之外，将制备的聚二乙烯基苯块状粉笔涂抹在纸张、玻璃，甚至手指上后，可使这些物质的表面变为超疏水表面[137]。因此，在以上工作的基础上，改进并提出一种简单的合成聚二乙烯基苯的方法，将聚二乙烯基苯在聚合的过程中修饰到不同的多孔基底上，通过调控基底的种类和孔径，可以实现油/海水混合物和纳米级稳定乳液的分离。对于孔径相对较大(几十微米左右)的网类基底，如不锈钢网，聚二乙烯基苯修饰后的材料会表现出超疏水/超亲油的表面浸润性、抗酸碱盐特性和高承压特性，可以用于油/海水混合物的分离(模拟海水的成分制备了人造海水)。而当基底换为孔径较小的网膜基底，如聚偏氟乙烯(PVDF)微孔网膜时，聚合物便会赋予其高疏水/超亲油的特性，从而使网膜可以捕捉油中微小的水滴，实现稳定油包水纳米级乳液的分离。实验证明，上述材料均可以使用多次，分离效率达到了 99.9% 以上。到目前为止，这是第一次将聚二乙烯基苯在聚合的过程中直接修饰到多孔基底上，而不是将聚合好的物质涂抹在基底表面。由于所用的二乙烯基苯单体是间位和对位的混合物，在聚合的过程中会形成交联的网状结构，并同时修饰在基底表面，与直接涂抹的方法相比，聚合物和基底的结合力将会大大增加。该类材料表现出了优异的稳定性，油水分离无需后处理，并且溶剂热法是一种简单易行、经济实用、环境友好的制备方法，可以在实际的工业生产中得到应用。

2.2　实验部分

2.2.1　原料与试剂

本章研究中用到的主要原料与试剂见表 2.1。

表 2.1　本章研究中用到的原料与试剂

原料与试剂	规格与说明	生产厂家
二乙烯基苯	对位-间位混合物，分析纯	百灵威科技有限公司
偶氮二异丁腈	分析纯	百灵威科技有限公司
罗丹明 B	分析纯	国药化学试剂有限公司
乙酸乙酯	分析纯	北京化工厂
司盘 80	分析纯	国药化学试剂有限公司
甲苯	分析纯	北京市通广精细化工公司
正己烷	分析纯	北京化工厂
柴油	标号 0#	中国石化加油站
汽油	标号 95#	中国石化加油站
润滑油	型号 SJ 10W-40	中化石油化工股份有限公司
不锈钢网	目数为 1000 目	华威五金商店
聚偏氟乙烯网膜	孔径为 0.45 μm	上海兴亚材料厂

2.2.2　仪器与设备

本章研究中用到的仪器与设备见表 2.2。

表 2.2 本章研究中用到的仪器与设备

仪器与设备	型　　号	生 产 厂 家
扫描电子显微镜	SU-8010	日本日立公司
X射线光电子能谱仪	Thermo escalab 250Xi	美国热电公司
激光共焦拉曼光谱仪	HR-800	法国 Horiba 公司
紫外可见光谱仪	Lambda-750	珀金埃尔默公司
原子力显微镜	SPM-9600	日本岛津公司
静态接触角仪	OCA-20	德国 Data-physics 公司
库仑卡尔费休水分仪	KF Coulometric 71000	英国 GR Scientific 公司
光学显微镜	ECLIPSE LV 100POL	尼康公司
动态光散射仪	Zeta Plus	美国布鲁克海文仪公司

2.2.3 聚二乙烯基苯修饰不锈钢网与聚偏氟乙烯微孔网膜的制备

聚二乙烯基苯修饰不锈钢网的制备：首先将一定量的二乙烯基苯单体溶于45 mL的乙酸乙酯中，之后加入0.05 g的引发剂偶氮二异丁腈。搅拌5 h后，将溶液转移至水热釜中。然后将裁剪整齐的4 cm×4 cm的1000目不锈钢网放入釜中，在100℃的条件下反应24 h。最后将材料取出，分别用去离子水和丙酮洗净，烘干。

聚二乙烯基苯修饰聚偏氟乙烯网膜的制备：制备方法与聚二乙烯基苯修饰的不锈钢网的制备方法相似，首先将一定量的二乙烯基苯单体溶于45 mL的乙酸乙酯中，之后加入0.05 g的引发剂偶氮二异丁腈。搅拌5 h后，将溶液转移至水热釜中。将孔径为0.45 μm的聚偏氟乙烯微孔网膜放入釜中并在100℃的条件下反应12 h。最后将材料取出，分别用去离子水和丙酮洗净，烘干。图2.1为聚二乙烯基苯修饰网膜材料的制备示意图及预

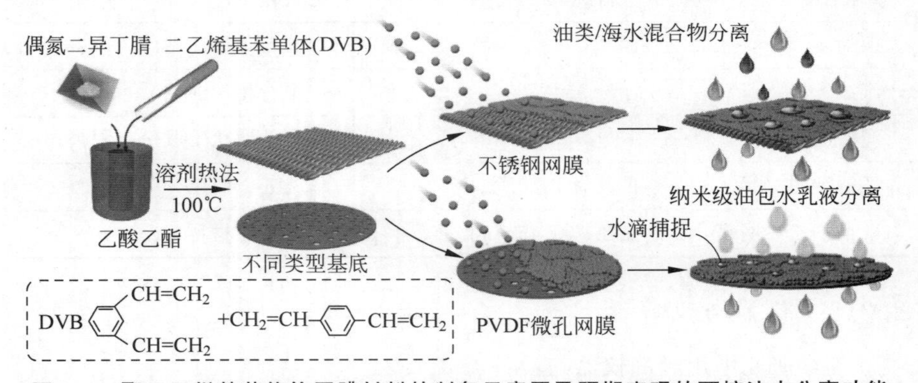

图 2.1 聚二乙烯基苯修饰网膜材料的制备示意图及预期实现的可控油水分离功能

期实现的可控油水分离功能。

2.2.4 油/海水不互溶混合物分离实验

分别取50 mL的甲苯、正己烷、汽油、柴油或润滑油，与50 mL的模拟海水充分混合，制备出不互溶的油水混合物。将制备好的聚二乙烯基苯修饰的不锈钢网固定在两个特氟龙夹具中，夹具两端接有透明玻璃管。由于本节采用的油类密度均小于水，为保证该网膜在油水分离过程中始终可以接触到油相，整个分离装置倾斜45°(图2.2)。然后将配置好的油水混合物倒入，油相会顺利通过网膜，海水则会被网膜阻挡，从而实现油水分离。

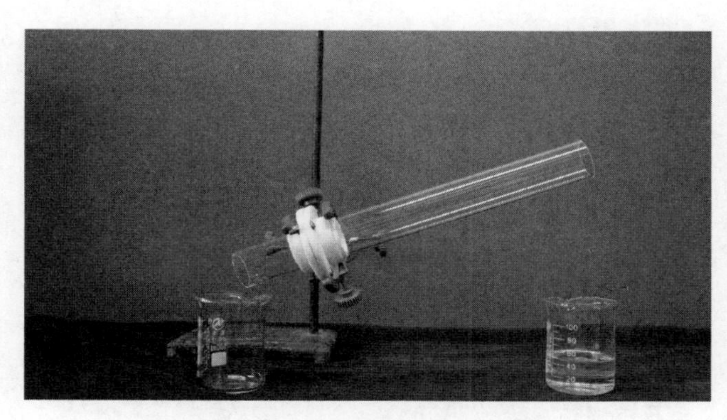

图2.2 阻水型油水分离装置

2.2.5 网膜穿透压强的测定

穿透压强是指在网膜上表面，液体在重力作用下能产生的最大静液压强，是过滤型油水分离膜的一项重要性能指标。穿透压强主要通过测量液柱的高度来测试，超过这一高度网膜则会被穿透。在具体测试中，首先将网膜固定在夹具中间，两端连接玻璃管垂直放置，再向上管中慢慢加入去离子水，记录网膜可以承受的最大水柱高度，最后通过相关公式计算出压强，即为穿透压强。

2.2.6 表面活性剂稳定油包水乳液的制备

实验中共制备了5种类型的油包水乳液，分别是油包甲苯乳液、油包柴油乳液、油包汽油乳液、油包润滑油乳液和油包正己烷乳液。每一种乳液都是将水和油按照体积比为 1∶100 的比例配置，再将表面活性剂司盘 80 按照 2.5 mg/mL 的比例加入并高速搅拌 24 h。本书的研究中所有油包水乳液都能稳定存在 15 d 以上。

2.2.7　油包水型乳液分离实验

稳定的油包水乳液分离是通过真空抽滤装置实现的(图 2.3)。将所制备的聚二乙烯基苯-聚偏氟乙烯网膜固定在抽滤瓶上，然后在 0.1 MPa 的压强下倒入油包水乳液，整个乳液分离过程在抽滤的条件下完成。对于分离效率，在网膜进行不互溶油水混合物分离和油包水乳液分离后，通过库仑卡尔费休水分仪测定收集到的油相中的含水量，即可根据浓度计算出相应的分离效率(即油相纯度)。

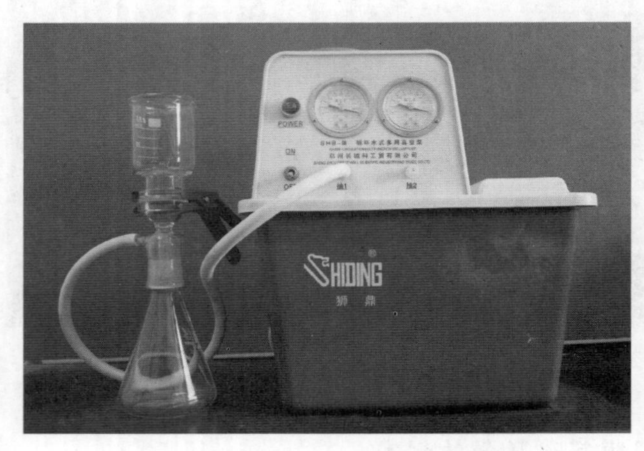

图 2.3　本章研究采用的真空抽滤装置

2.3　结果与讨论

2.3.1　聚二乙烯基苯修饰不锈钢网的形貌与化学组成

聚二乙烯基苯聚合物首先被修饰在不锈钢网基底上，修饰后的材料可以用于油/海水不互溶混合物的分离。图 2.4(a)为本章采用的 1000 目不锈钢网基底的冷场扫描电镜照片，从图中可以清晰地看到网膜表面十分光滑，直径约为 50 μm 的网线致密地交叉编织在一起，从而使基底具备一定的机械强度，为制备性质良好的膜材料奠定了基础。修饰聚二乙烯基苯后网膜的冷场扫描电镜照片如图 2.4(b)所示，从图中可以明显看出，不锈钢网膜基底的网孔和网线之间已经被聚合物包裹。图 2.4(b)中的插图为高倍数下的扫描电镜照片，可以看到反应后形成的聚二乙烯基苯聚合物表现为直径小于 100 nm 的"小球"，这些"小球"堆叠在一起，形成微纳复合结构。这种粗糙的结构可以放大材料表面的浸润性，将其从疏水变为超疏水。

不锈钢网基底及修饰后的聚二乙烯基苯网膜的化学组成是通过 X 射线光电子能谱、拉曼光谱及紫外-可见光谱表征的。图 2.4(c)为基底与修饰后网膜的 X 射线光电子能谱扫描全谱，主要测定了 284.5 eV 处和 711.5 eV 处的碳元素和铁元素，网膜在经过聚二乙烯基苯聚合物的修饰后，碳元素含量明显增加，而铁元素含量降低。从图 2.4(d)中 Fe 2p 的窄扫图中也可以看出，修饰聚二乙烯基苯后的网膜中铁元素近乎消失，这正是由于覆盖在网膜上的聚合物遮盖了基底表面的铁元素。图 2.4(e)和图 2.4(f)分别为基底与修饰后网膜的 X 射线光电子能谱 C 1s 窄扫图，与不锈钢网膜基底相比，聚合后的网膜谱图在 291 eV 处检测出了二乙烯基苯中苯环的 π—π 键。

此外，为了更准确地确定网膜表面具体的化学组成，表征了基底与修饰后不锈钢网膜的拉曼光谱及紫外-可见光谱(图 2.4(g)和图 2.4(h))。从图中可以明显看出，与基底的谱图相比，聚合后网膜的拉曼谱图在 1600 cm^{-1} 处出现了代表苯环骨架振动的峰，而在相应的紫外-可见谱图中，在 250～280 nm 处检测到了苯环的吸收峰。上述各类表征谱图证明了在一步溶剂热反应后，聚二乙烯基苯聚合物被成功修饰在了基底上。

2.3.2　聚二乙烯基苯修饰不锈钢网的浸润性研究

材料的表面浸润性和抗酸碱能力是通过接触角仪表征的，最终测得的接触角是材料表面五个不同位置的平均值。为了仿照真实的油水分离环境，我们还配制了模拟海水。图 2.5(a)是所制备网膜的浸润性照片，可以看出被染色的海水水滴顺着网膜表面迅速流下，并不能浸润网膜，此外插图中的接触角显示该网膜的水接触角大于 150°，而油接触角几乎为 0°，证明了该材料具有超疏水/超亲油的特殊浸润性。

究其原因，该超疏水浸润性是由聚二乙烯基苯本身的疏水性与形成的粗糙结构共同决定的，聚二乙烯基苯在不锈钢网表面形成的微纳复合结构构成了 Cassie 模型，而粗糙结构的空隙中存在大量空气，大大提升了网膜表

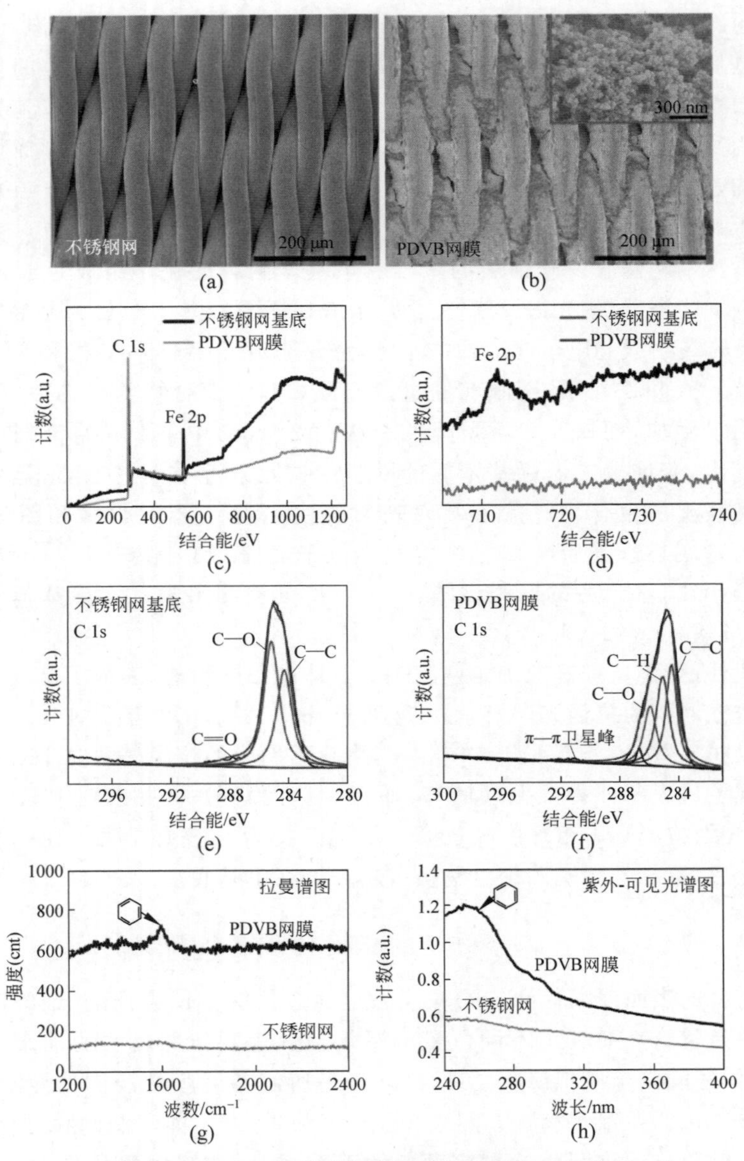

图 2.4　聚二乙烯基苯修饰网膜的形貌与成分表征

(a) 不锈钢网基底的冷场扫描电镜照片；(b) 聚二乙烯基苯修饰不锈钢网的冷场扫描电镜照片；(c) 基底与修饰后网膜的 X 射线光电子能谱扫描全谱；(d) 基底与修饰后网膜 Fe 2p 窄扫谱图；(e) 不锈钢网基底的 C 1s 元素窄扫谱图；(f) 修饰后网膜的 C 1s 元素窄扫谱图；(g) 基底与修饰后网膜的拉曼谱图；(h) 基底与修饰后网膜的紫外-可见光谱图

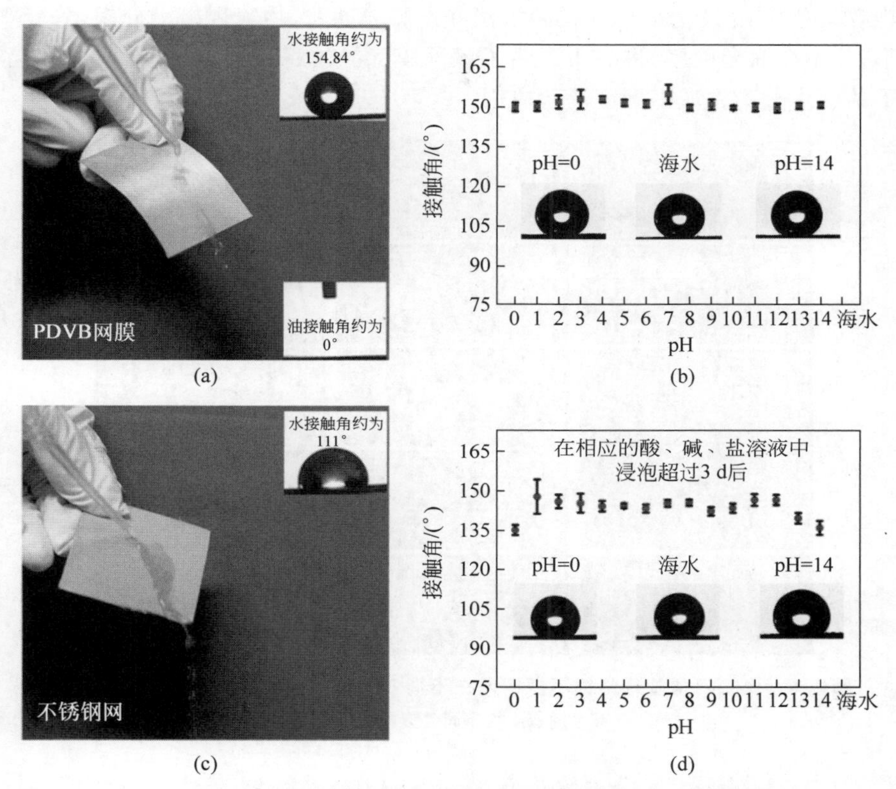

图 2.5　聚二乙烯基苯修饰不锈钢网的浸润性表征和 pH 稳定性测试

(a) 制备网膜的浸润性照片(插图是对应的水接触角和油接触角)；(b) 制备网膜对酸、碱、盐溶液的接触角；(c) 不锈钢网基底的浸润性照片(插图是对应的水接触角)；(d) 制备网膜在酸、碱、盐溶液中浸泡 3 d 后的接触角

面的疏水性。此外，还测试了不锈钢基底的浸润性作为对照。如图 2.5(c)所示，当海水接触到不锈钢网的表面时，会立刻润湿网膜并迅速向四周扩散，从而证明了不锈钢网基底并不具备良好的疏水性能，并从侧面证明了聚二乙烯基苯聚合物的作用。

本节中的聚二乙烯基苯修饰的不锈钢网不仅具有超疏水特殊浸润性，还具有优异的抗酸碱盐能力，图 2.5(b)和图 2.5(d)是该网膜的 pH 稳定性测试结果，可以看出，无论是直接接触强酸、强碱或盐类溶液，还是在酸、碱、盐溶液中浸泡 3 天，该网膜都表现出了优异的高疏水性质。图 2.6 为此聚合物修饰不锈钢网在不同 pH 下的浸润性照片，其中的液滴被不同类型的染料染色，当 pH 为 0～14 的溶液滴在网膜表面时，均表现出十分规整的球形，并不会润湿网膜，进一步证明了该网膜优异的稳定性，可以在实际情况下的油水分离领域得到广泛的应用。

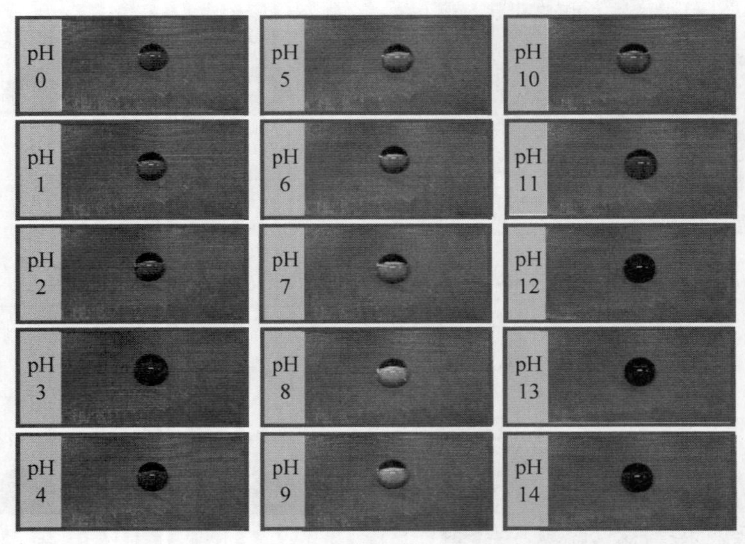

图 2.6 聚二乙烯基苯修饰不锈钢网在不同 pH 下的浸润性照片(见文前彩图)
其中的液滴被不同类型的染料染色

2.3.3 聚二乙烯基苯修饰不锈钢网的油水分离研究

基于聚二乙烯基苯-不锈钢网的超疏水/超亲油特殊浸润性，该网膜可以实现不互溶油水混合物的有效分离。图 2.7 所示为制备网膜的油水分离效果图。实验中，聚二乙烯基苯修饰的不锈钢网被固定在两个特氟龙材质的夹具中并保持 45°的倾角，目的是为了使较轻的油先接触到网膜表面。当不互溶的汽油/海水混合物倒入夹具中时，汽油会迅速通过该网膜的表面，人造海水却被阻隔在网膜之上，这更进一步证明了该材料具有的超疏水/超亲油的表面浸润性。除了汽油/海水混合物以外，其他几种油水混合物都可以用该网膜进行分离。为了评定该材料对油水混合物的分离效果及材料的稳定性能，本节还测试了分离效率。在油水分离网膜领域，承压是另一个考察网膜稳定性的重要指标。因此本节还进行了材料穿透压强的测定，如图 2.7(c)所示，网膜被固定在夹具中，整个装置垂直放置，向其中缓慢加入去离子水。可以看出，该材料可以承受至少 60 cm 高的水柱。承压公式如下：

$$p = \rho g h_{max} \tag{2-1}$$

可以看出，压强和液柱的高度 h 成正比，结果表明该网膜至少能够承受 6.027 kPa 的压强，承压性相对较好。上述实验均表明所制备的材料具有超疏水/超亲油的表面浸润性、抗酸碱盐性和高承压性，因此可以用于油/海水混合物的分离。

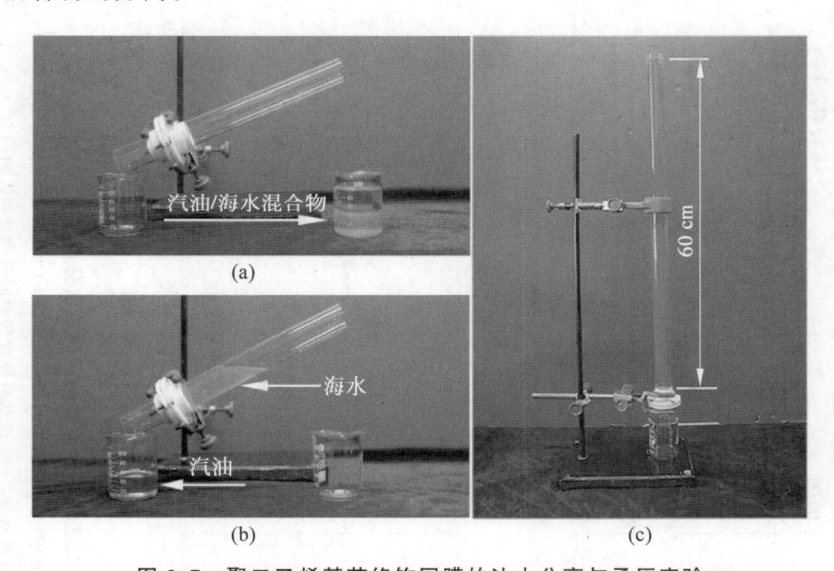

图 2.7　聚二乙烯基苯修饰网膜的油水分离与承压实验

(a) 制备网膜的不互溶油相/海水混合物分离实验(所用油相为汽油，人造海水被罗丹明 B 染色)；(b) 油水分离后照片；(c) 制备网膜的承压实验

2.3.4　聚二乙烯基苯修饰不锈钢网的油水分离效率与通量研究

为了模拟真实的油水分离状况，实验选用了五种油样，分别是汽油、柴油、正己烷、润滑油和甲苯。在进行相关的分离实验后，通过测定分离效率与通量进一步表征网膜的油水分离能力，图 2.8(a)为所制备网膜对多种油水混合物的分离效率，而图 2.8(b)为该网膜分离 30 次油水混合物的分离效率。可以看出，该网膜对上述五种油水混合物都有很高的分离效率(大于 99.9%)，油相中的水含量也均小于 70 mg/L，并且拥有良好的重复使用能力，在分离 30 次后效率仍然大于 99.9%，表现出了优异的稳定性。对于过滤型阻水型油水分离网膜，其通量也是衡量该网膜性能的重要指标，图 2.8(c)为所制备材料对不同油水混合物的通量，可以看出，该网膜具有

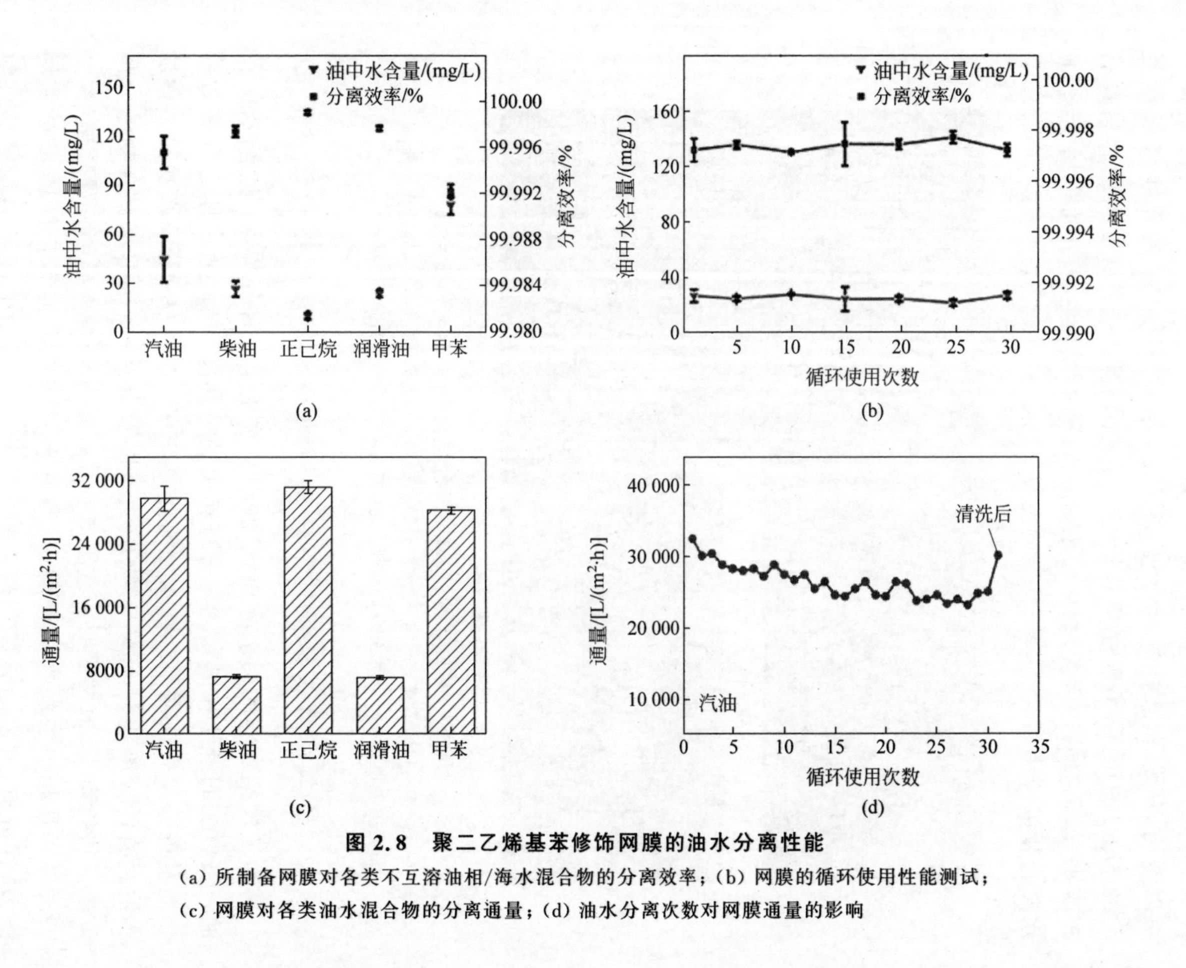

图 2.8 聚二乙烯基苯修饰网膜的油水分离性能

(a) 所制备网膜对各类不互溶油相/海水混合物的分离效率；(b) 网膜的循环使用性能测试；(c) 网膜对各类油水混合物的分离通量；(d) 油水分离次数对网膜通量的影响

很高的油水分离通量。对于汽油/水混合物、正己烷/水混合物和甲苯/水混合物，通量甚至可以达到 28 000 L/(m^2 · h)；而对于柴油/水混合物和润滑油/水混合物，通量约为 7000 L/(m^2 · h)，这是因为相比于其他三种油类，这两种油的黏度更大，导致其分离过程中不易透过网膜，所以通量较低。此外，还研究了油水分离次数对通量的影响，如图 2.8(d)所示，以汽油/水混合物为例，随着分离次数的增加，网膜的表面会逐渐被油相污染，通量会逐渐降低，但依然保持在一个很高的水平，在第 30 次分离结束后，通过简单的去离子水/丙酮清洗和烘干，网膜的通量又会恢复到之前的水平。

2.3.5　聚二乙烯基苯修饰微孔网膜的形貌与化学组成

当基底从不锈钢网变为孔径更小的聚偏氟乙烯微孔网膜时，修饰聚二乙烯基苯后的网膜便可以进行油包水乳液的分离。这是由材料的疏水性能和孔径大小共同决定的，小的孔径可以保证材料捕捉到乳液中微小的水滴，并将其阻隔在外，从而实现破乳。图 2.9(a)和图 2.9(c)是原聚偏氟乙烯网膜基底的扫描电镜图，未被修饰的网膜基底的表面呈现出一种三维多孔的粗糙结构。当用聚二乙烯基苯修饰网膜后，其表面被聚合物小球包裹，呈现出完全不同的形貌。图 2.9(b)和图 2.9(d)是基底与修饰后网膜相应的原子力显微镜图，从图中可以更直观地分析表面形貌的变化，在修饰聚二乙烯基苯聚合物后，网膜表面的孔径和粗糙度(Rq)相比于基底来说都有所减小，粗糙度由之前的 227.3 nm 降低至 92.6 nm，整体粗糙度的减小恰好解释了网膜的浸润性为高疏水，没有达到超疏水状态的原因。

与表征聚合物修饰的不锈钢网类似，聚偏氟乙烯微孔网膜基底及修饰后的聚二乙烯基苯网膜的化学组成也是通过 X 射线光电子能谱、拉曼光谱及紫外-可见光谱表征的。图 2.10(a)～(d)为网膜与聚合后网膜的 X 射线光电子能谱扫描全谱及各自的 C 1s 元素窄扫谱图，从图中可以看出，用聚二乙烯基苯修饰聚偏氟乙烯网膜后，C 元素含量有所增加，O 元素和 N 元素的含量则有所减小。从 C 元素的窄扫谱图中可以看出，与基底的谱图相比，修饰后的网膜位于 287.8 eV 处的聚偏氟乙烯特有的 C—F 键的峰消失，这是由于覆盖在网膜上的聚合物遮盖了基底表面，并且在 291 eV 处检测到了二乙烯基苯中苯环的 π—π 键，进一步证明聚合物已经成功修饰到了网膜表面。为了进一步确定网膜表面具体的化学组成，测试了网膜基底与修饰后网膜的拉曼光谱及紫外-可见光谱(图 2.10(e)和图 2.10(f))。从图中可以看出，与基底网膜的谱图相比，聚合后网膜的拉曼谱图在

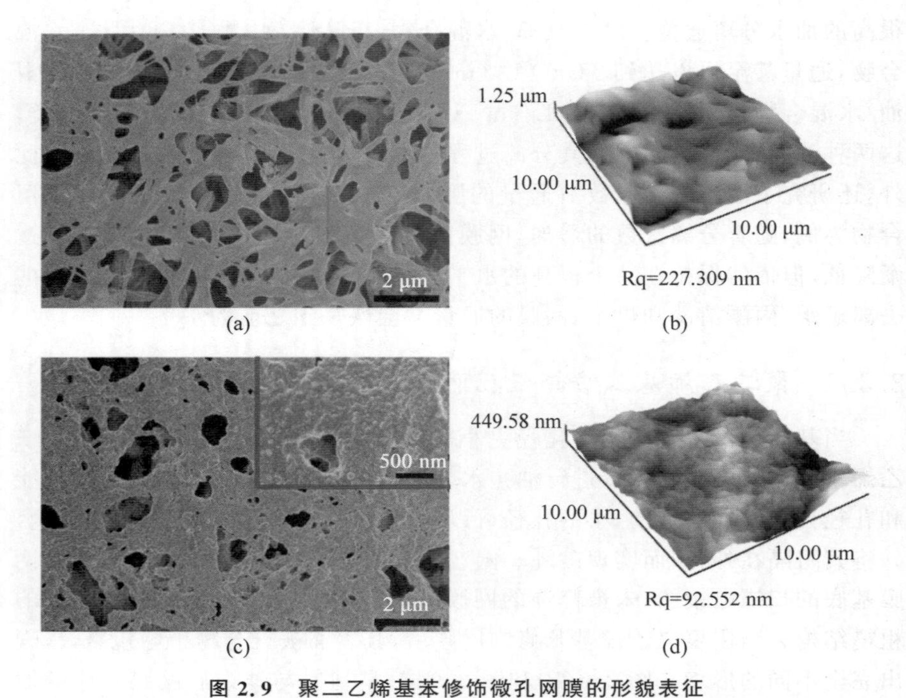

(a)　(b)

(c)　(d)

图 2.9　聚二乙烯基苯修饰微孔网膜的形貌表征

(a) 聚偏氟乙烯微孔网膜基底的扫描电镜图；(b) 网膜基底的原子力显微镜图；(c) 修饰聚二乙烯基苯后网膜的扫描电镜图；(d) 修饰后网膜的原子力显微镜图

1000 cm^{-1} 与 1600 cm^{-1} 处出现了代表苯环骨架振动的峰，而在相应的紫外-可见光谱图中，在 250～280 nm 处检测到了苯环的吸收峰。上述各类表征谱图证明了在一步溶剂热反应后，聚二乙烯基苯聚合物被成功修饰在了网膜基底上。

2.3.6　聚二乙烯基苯修饰微孔网膜的浸润性研究

对于制备出的聚二乙烯基苯-微孔网膜具有的高疏水/超亲油特殊浸润性，主要通过接触角仪来表征。图 2.11 展示了原网膜基底和聚二乙烯基苯修饰后网膜的浸润性，其中水被亚甲基蓝染色。从中可以看出，纯聚偏氟乙烯网膜基底表现为亲水性，水的接触角几乎为 0°，水滴很快润湿基底。而在修饰了疏水物质聚二乙烯基苯后，网膜的浸润性发生了翻转，呈现出高疏水亲油性，水的接触角达到了 135.7°，油的接触角几乎为 0°，所以水滴并不能润湿网膜，在表面仍然呈现球状，形成了“THU”字样。此高疏水/超亲油特殊浸润性为网膜之后的油包水乳液分离研究奠定了基础。

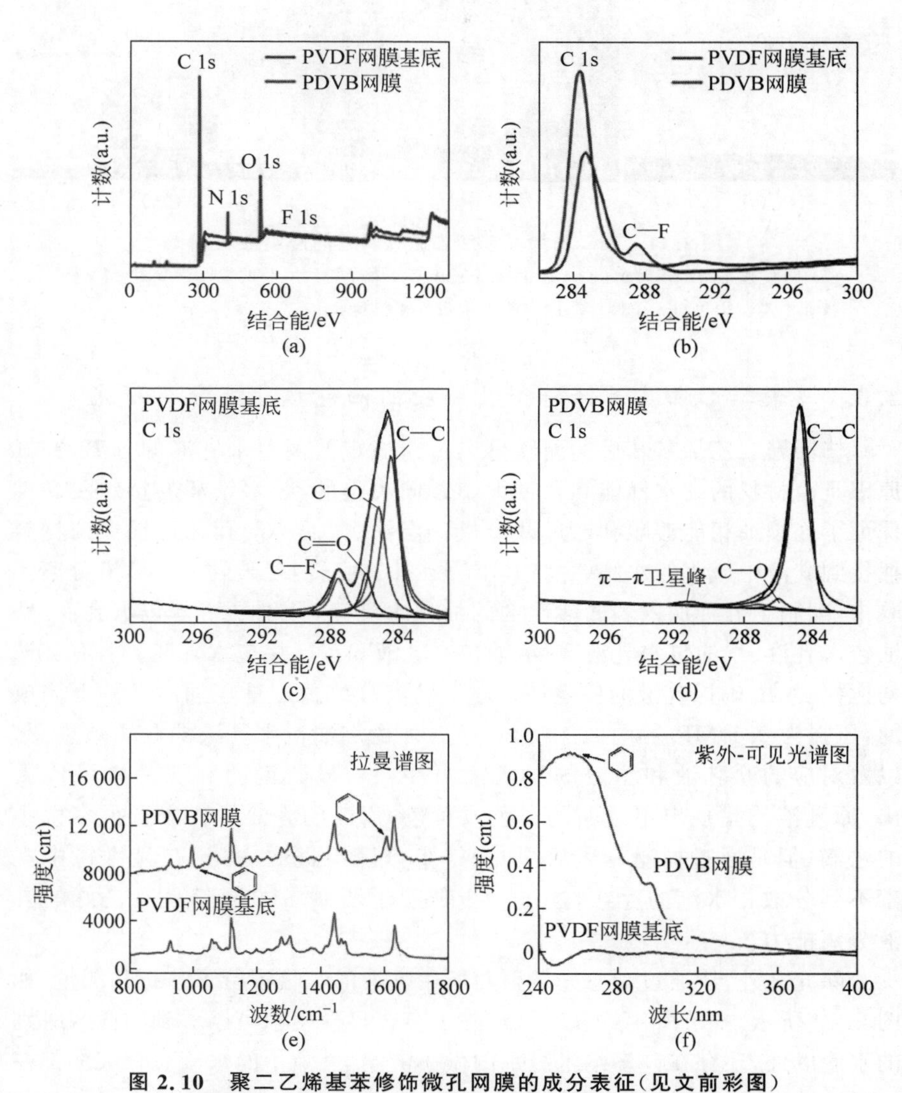

图 2.10　聚二乙烯基苯修饰微孔网膜的成分表征(见文前彩图)

(a) 网膜基底与修饰后网膜的 X 射线光电子能谱扫描全谱图；(b) 相应的窄扫谱图；(c) 网膜基底的 C 1s 元素窄扫谱图；(d) 修饰聚二乙烯基苯后网膜的 C 1s 元素窄扫谱图；(e) 基底与修饰后网膜的拉曼谱图；(f) 基底与修饰后网膜的紫外-可见光谱图

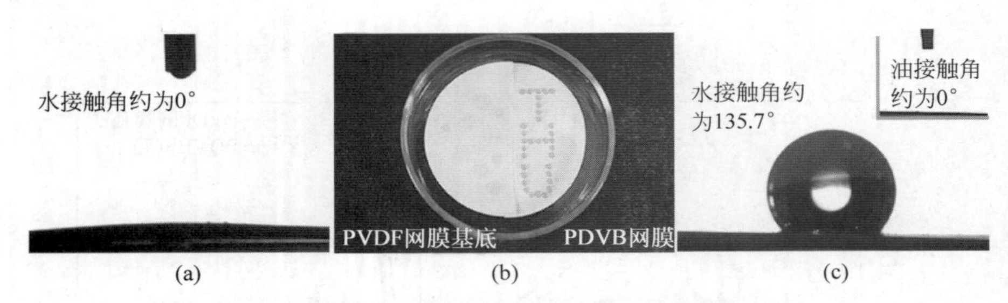

图 2.11　聚二乙烯基苯修饰微孔网膜的浸润性表征

(a) 网膜基底的水接触角；(b) 原网膜基底和修饰聚合物后网膜的浸润性照片(水滴被亚甲基蓝染色)；(c) 修饰后网膜的水接触角和油接触角

2.3.7　聚二乙烯基苯修饰微孔网膜的油包水乳液分离研究

修饰聚二乙烯基苯后的网膜可以进行稳定的油包水乳液的分离，究其原因是由材料的疏水性能和孔径大小共同决定的，疏水亲油的特殊浸润性保证了连续油相能够顺利通过并形成一层油膜，而小的孔径可以保证材料捕捉到乳液中微小的水滴，并将其阻隔在外，从而实现破乳。在乳液分离实验中，配制了五种加入表面活性剂的油包水乳液，分别是甲苯包水乳液、柴油包水乳液、汽油包水乳液、润滑油包水乳液和正己烷包水乳液。所有乳液均搅拌 24 h，确保乳液的稳定性。整个乳液分离过程是在抽滤条件下完成的，压强为 0.1 MPa。图 2.12 为上述五种稳定油包水乳液的分离效果图，以及对应的原乳液和滤液的显微镜照片。从显微镜图和照片中可以看出，原乳液均呈现出不透明的白色或黄色，浑浊的乳液中分散有很多微小的水滴，但是通过抽滤分离后，均变得十分澄清透明，并且在显微镜中观察不到分散相水滴的存在，这进一步证明了所制备的网膜具有良好的乳液分离能力。

除此之外，还通过动态光散射对所用乳液的粒径进行了分析和测量，如图 2.13 所示，本节所用的五种乳液除了存在显微镜中可以看到的微米级别的水滴以外，还存在许多纳米级别的微小液滴，乳液中的水滴粒径大多都在 125 nm 以内，然而对于润滑油包水乳液和正己烷包水乳液，液滴的粒径普遍偏大，这可能是由于相比于其他油类连续相，水滴更不容易分散在润滑油和正己烷中。这侧面说明了所配制乳液分散相粒径的复杂性及乳液的稳定性。

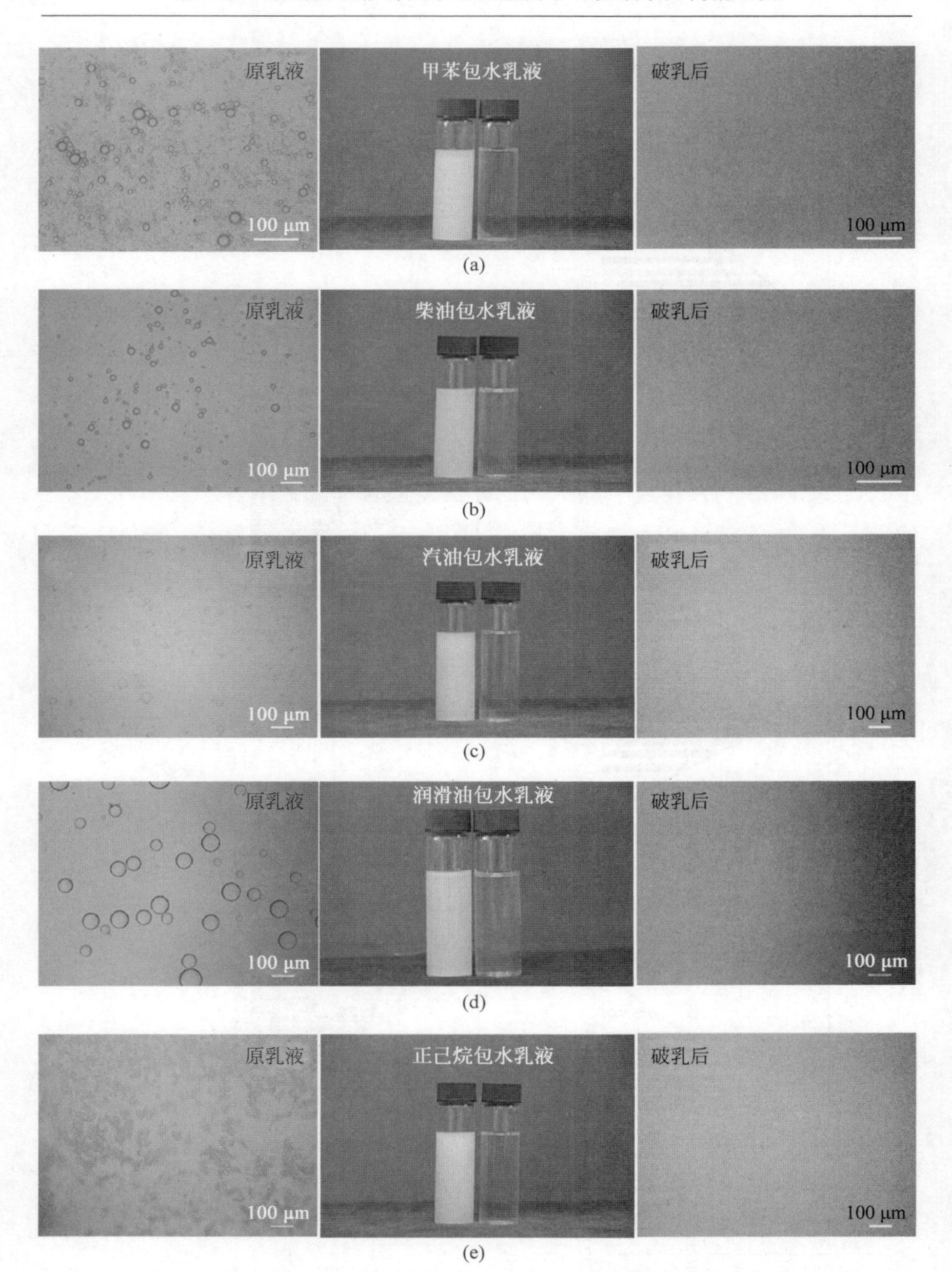

图 2.12　网膜的油包水乳液分离照片及相对应的乳液显微镜照片(见文前彩图)

(a) 甲苯包水乳液分离效果；(b) 柴油包水乳液分离效果；(c) 汽油包水乳液分离效果；(d) 润滑油包水乳液分离效果；(e) 正己烷包水乳液分离效果

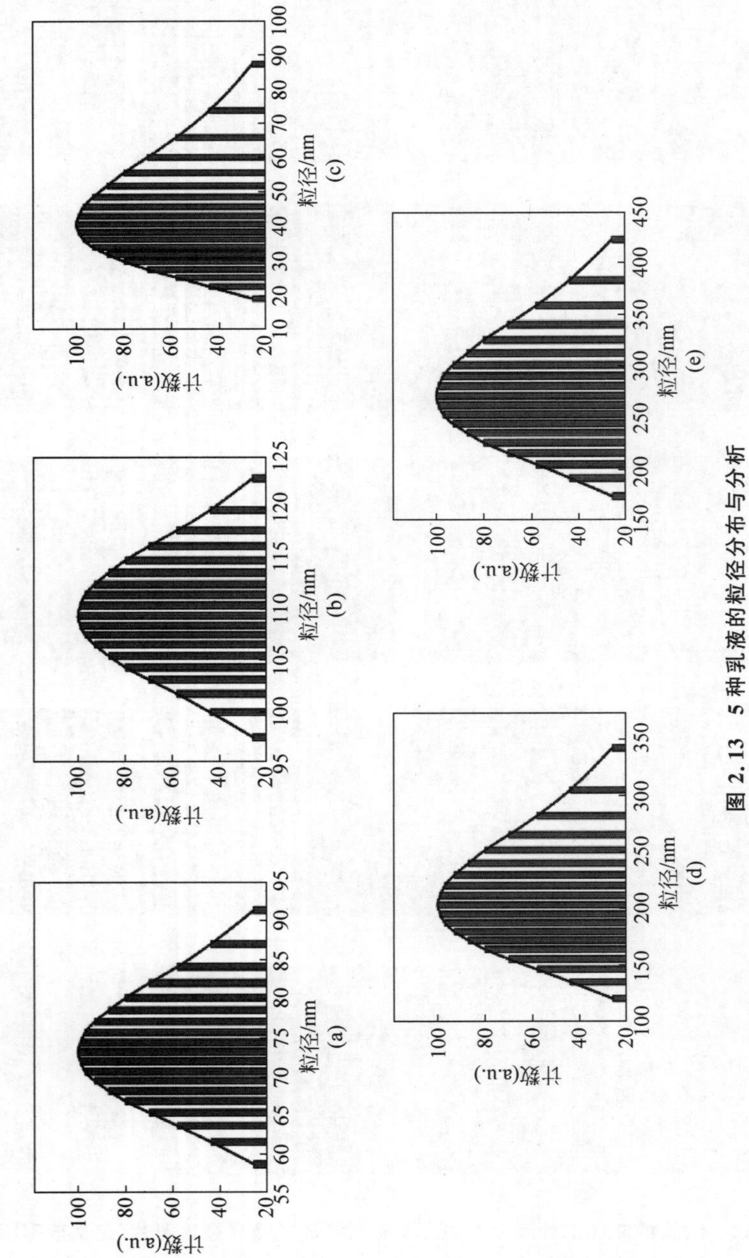

图 2.13　5 种乳液的粒径分布与分析

(a) 甲苯包水乳液；(b) 柴油包水乳液；(c) 汽油包水乳液；(d) 润滑油包水乳液；(e) 正己烷包水乳液

2.3.8　聚二乙烯基苯修饰微孔网膜的乳液分离效率及通量研究

通过测量乳液分离后滤液的油中的水含量，可以表征网膜的乳液分离效率。图 2.14(a)为所制备网膜对不同种类油包水乳液的分离效率，可以看出，聚二乙烯基苯修饰的尼龙网膜对多种乳液均具有良好的破乳能力，且分离效率均在 99.9%以上。图 2.14(b)为该网膜的乳液分离稳定性测试，在 30 次破乳实验后，所制备网膜的破乳效率仍然很高，足以证明该网膜十

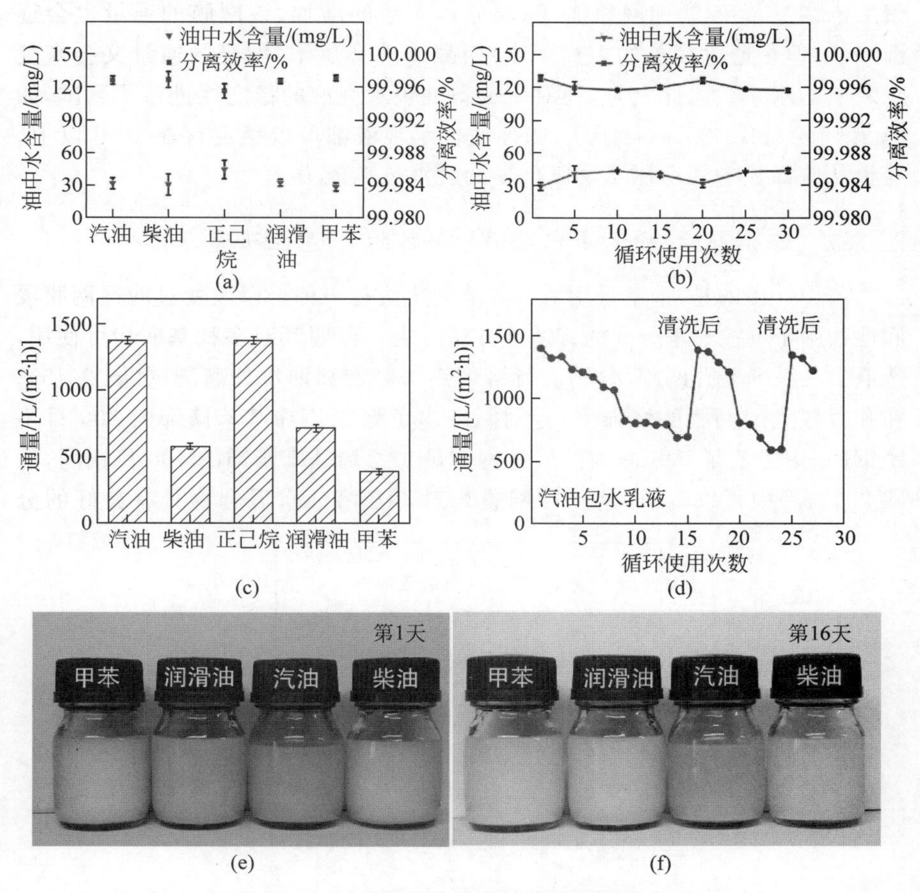

图 2.14　材料的乳液分离及乳液稳定性测试

(a) 五种类型油包水乳液的分离效率；(b) 网膜的循环使用性能测试；(c) 五种类型油包水乳液的通量；(d) 乳液分离次数对网膜通量的影响；(e) 四种油包水乳液的稳定性测试(第 1 天)；(f) 油包水乳液的稳定性测试(第 16 天)

分稳定。对于此阻水型乳液分离网膜，其通量也是衡量该网膜性能的重要指标，图 2.14(c)为该网膜对不同油包水乳液的通量，该网膜对汽油包水乳液和正己烷包水乳液有较高的通量，而对另外三种乳液的通量较低，这是因为柴油和润滑油乳液本身黏度较大，分离比较困难，而水滴更容易分散在甲苯中，所以甲苯乳液更加稳定，导致其通量不高。值得一提的是，由于本节所用的乳液是高度稳定的，因此网膜的通量整体还是较高的。接着，研究了油水分离次数对通量的影响，如图 2.14(d)所示，以汽油包水乳液为例，与聚二乙烯基苯-不锈钢网相似，随着分离次数的增加，该网膜的通量也会逐渐降低，但是通过简单的去离子水/丙酮清洗和烘干，网膜的通量又会恢复到之前的水平。除此之外，还对所制备油包水乳液的稳定性进行了测试，如图 2.14(e)和图 2.14(f)所示，四种油包水乳液都可以稳定存在 15 d 以上，这也从侧面显示了所制备网膜优异的乳液分离能力。

2.3.9　溶剂热法用于油水/乳液分离的普适性研究

值得一提的是，本章采用的一步溶剂热法是一种可以改变过滤性网膜浸润性并用于可控油水分离的普适性方法。为了证明其对多种基底均可使用，选取了一系列多孔网膜，分别进行溶剂热法修饰和油水分离测试(图 2.15)。在孔径较大的网膜的修饰中，分别制备出了聚二乙烯基苯修饰的 300 目不锈钢网、聚二乙烯基苯修饰的尼龙网和聚二乙烯基苯修饰的 400 目铜网，从图 2.15(a)中可以看出，这三种网膜均对不互溶油水混合物具有良好的分

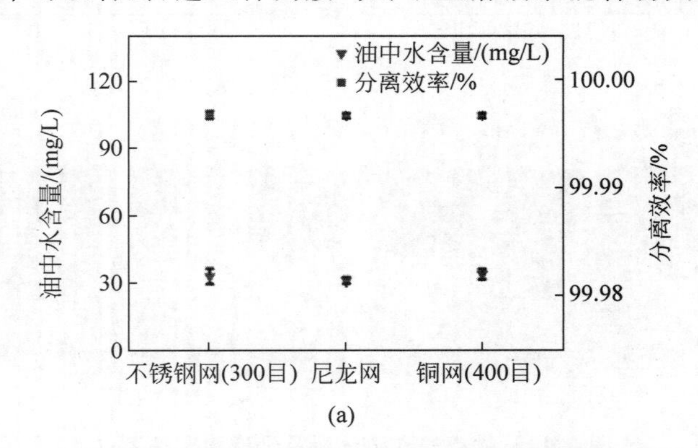

图 2.15　溶剂热法用于油水/乳液分离的普适性

(a) 溶剂热法应用在孔径较大的网类基底上及其不互溶油水混合物的分离效率；
(b) 溶剂热法应用在孔径较小的微孔网膜基底上及其稳定油包水乳液的分离效率

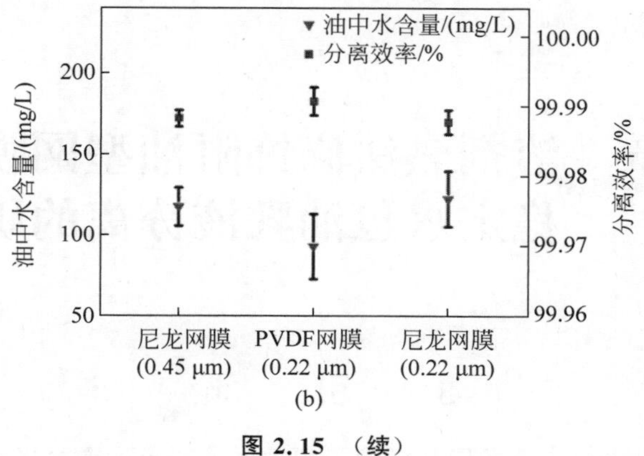

图 2.15 （续）

离能力，效率均大于 99.9%。类似地，在孔径较小的微孔网膜修饰中，制备出了聚二乙烯基苯修饰的尼龙网膜(0.45 μm)、聚二乙烯基苯修饰的聚偏氟乙烯网膜(0.22 μm)和聚二乙烯基苯修饰的尼龙网膜(0.22 μm)，同样从图 2.15(b)中可以看出，三种网膜均对稳定油包水乳液具有良好的分离能力，效率均大于 99.9%。

2.4 小 结

本章提出了一种简单易行的溶剂热法，可以将二乙烯基苯聚合并修饰在不同种类的多孔基底上，从而实现从油水分离到稳定的纳米级乳液分离的可控分离。对于孔径相对较大(几十微米左右)的网类基底，如不锈钢网，经聚二乙烯基苯修饰后的材料表现出超疏水/超亲油的表面浸润性、抗酸碱盐性及高承压性等特性，可以用于油/海水混合物的分离(模拟海水的成分制备了人造海水)。而当基底换为孔径较小的网膜基底，如聚偏氟乙烯(PVDF)微孔网膜时，聚合物便会赋予材料高疏水/超亲油的特殊浸润性，从而使网膜可以捕捉油中微小的水滴，实现油包水纳米级稳定乳液的分离。经实验证明，上述材料均可以使用多次，分离效率达到了 99.9% 以上。本章所制备的材料表现出了优异的稳定性，油水分离无需后处理，且溶剂热法是一种简单易行、经济实用、环境友好的制备方法，可以在实际的工业生产中得到应用。

第3章　溶剂热法修饰阻油型网膜用于稳定水包油乳液分离的研究

3.1　引　　论

全球工业化的快速发展和石油资源的大量需求一方面极大地促进了科学技术的发展和改善了人民的生活，另一方面也造成了一系列严重的环境污染问题，其中以含油水污染问题最具代表性。造纸、纺织等工业废水的排放及油泄漏事故的发生导致大量非水溶性油类污染物被排放到江河湖海中，污染人类的居住环境，影响人们的生活健康。这些不溶性的油类大多会形成稳定的水包油或油包水乳液，传统的油水分离方法普遍低效且成本较高。由于油水分离领域和界面问题息息相关，具有特殊浸润性的膜材料因其高效的分离能力已经被广泛应用于油水乳液分离领域。

在特殊浸润性膜材料中，阻水型材料和阻油型材料是两类典型材料。然而，最先发展的阻水型材料由于具有超亲油特殊浸润性，在使用过程中易被混合物中的高黏度油类污染，导致网孔堵塞，无法进行长程使用和重复利用。具有超亲水特殊浸润性的阻油型材料则可以很好地克服这一缺陷。在油水混合物或水包油乳液的分离过程中，水相可以透过网膜并形成一层水膜，有效地防止了油类对材料的污染，因此得到了广泛应用，如水凝胶修饰网膜、多孔硝化纤维网膜、无机纳米线铜网等材料。然而，大部分阻油型材料仍然无法满足实际油水分离中的苛刻条件(强酸、强碱环境等)。对于水包油乳液的分离，之前工作中采用的乳液大多不稳定，在较短的时间内即会破乳。所以，如何解决上述问题，设计出真正可以应用在实际乳液分离领域的阻油型材料依然是一项重要的工作。

聚丙烯酰胺(PAM)作为一种亲水聚合物，在组织工程、废水处理、染料吸附、药物缓释等领域都有重要的应用[138-144]。本课题组之前就报道过利用原位自由基聚合的方法将聚丙烯酰胺水凝胶包覆在不锈钢网表面的工作[82]。但是，这类水凝胶包覆的网膜只能分离简单的不互溶油水混合物，并且聚丙烯酰胺和基底之间的结合力也不牢固，这些缺陷会影响材料的稳定性。因此，为了提升聚合物和基底之间的结合力，面向更复杂的油水分离领域，本章通过改变聚合方法、选取合适的基底，成功制备出了聚丙烯酰胺修饰的尼龙网膜，并且将材料的应用领域从不互溶油水混合物的分离拓展到稳定水包油乳液的分离。更重要的是，为了提高聚合物和基底之间的结合力，本章还创新性地采用了二乙烯基苯作为丙烯酰胺聚合过程的交联剂。因此，聚丙烯酰胺-聚二乙烯基苯（PAM-PDVB）聚合物可以通过一步溶剂热反应牢固地修饰在尼龙微孔网膜上。凭借网膜的超亲水特殊浸润性和网膜的微米级孔径，所制备的材料对多种类型的水包油乳液（包括阴离子型、阳离子型和非离子型乳液）均具有优异的分离能力，并且具备良好的抗酸碱能力，可以重复使用多次。该微孔网膜为阻油型材料在实际乳化油水处理领域的应用奠定了坚实的基础。

3.2 实验部分

3.2.1 原料与试剂

本章研究中用到的主要原料与试剂见表3.1。

表3.1　本章研究中用到的原料与试剂

原料与试剂	规格与说明	生产厂家
丙烯酰胺	聚合单体，分析纯	百灵威科技有限公司
二乙烯基苯	分析纯	百灵威科技有限公司
偶氮二异丁腈	分析纯	百灵威科技有限公司
十六烷基三甲基溴化铵	化学纯	国药化学试剂有限公司
十二烷基硫酸钠	化学纯	国药化学试剂有限公司
吐温20	化学纯	国药化学试剂有限公司
甲苯	分析纯	北京市通广精细化工公司
汽油	标号95#	中国石化加油站
正己烷	分析纯	北京化工厂
正庚烷	分析纯	北京化工厂
四氯化碳	纯度≥99.5%	天津傲然精细化工研究所
尼龙微孔网膜	孔径为0.8 μm	海盐新东方塑化科技有限公司

3.2.2 仪器与设备

本章研究中用到的仪器与设备见表3.2。

表 3.2　本章研究中用到的仪器与设备

仪器与设备	型　号	生 产 厂 家
扫描电子显微镜	SU-8010	日本日立公司
X射线光电子能谱仪	Thermo escalab 250Xi	美国热电公司
激光共焦拉曼光谱仪	HR-800	法国 Horiba 公司
静态接触角仪	OCA-20	德国 Data-physics 公司
红外分光测油仪	Oil 480	华夏科创仪器股份有限公司
光学显微镜	ECLIPSE LV 100POL	尼康公司
动态光散射仪	Zeta Plus	美国布鲁克海文仪公司

3.2.3　聚丙烯酰胺-聚二乙烯基苯修饰微孔网膜的制备

本章通过一步溶剂热法制备网膜。首先，将丙烯酰胺单体与二乙烯基苯单体按照30∶1的摩尔比溶解在45 mL乙酸乙酯溶剂中，搅拌均匀。之后加入0.05 g的引发剂偶氮二异丁腈并搅拌5 h。然后将溶液转移到反应釜中，再将孔径为0.8 μm的尼龙微孔网膜浸入釜中，于100℃的条件下反应24 h。最后将聚合后的网膜取出，用去离子水和丙酮彻底清洗表面，烘干备用。图3.1为聚丙烯酰胺-聚二乙烯基苯修饰网膜的制备过程及稳定水包油乳液的分离效果。

3.2.4　水包油型乳液的配制

在表面活性剂的选择上，共选取了3种类型，分别为阳离子型表面活性剂十六烷基三甲基溴化铵(CTAB)、阴离子表面活性剂十二烷基硫酸钠(SDS)和中性表面活性剂吐温20(Tween 20)；在油相的选择上，甲苯、汽油、正己烷和正庚烷被选用。因此，总共制备了3大类、12种不同的稳定水包油乳液。具体的配制方法为：在1 mL油与100 mL去离子水的混合溶液中加入0.4 g对应的表面活性剂，整个溶液在室温下高速搅拌24 h，即可得到稳定的水包油乳液。

3.2.5　水包油乳液分离实验

将制备好的聚丙烯酰胺修饰网膜固定在抽滤装置中，将不同类型的水包油乳液倒入装置上方，整个过程在0.1 MPa的压强下进行，记录每次分离的时间，并收集分离后的滤液，用于接下来分离效率的表征。

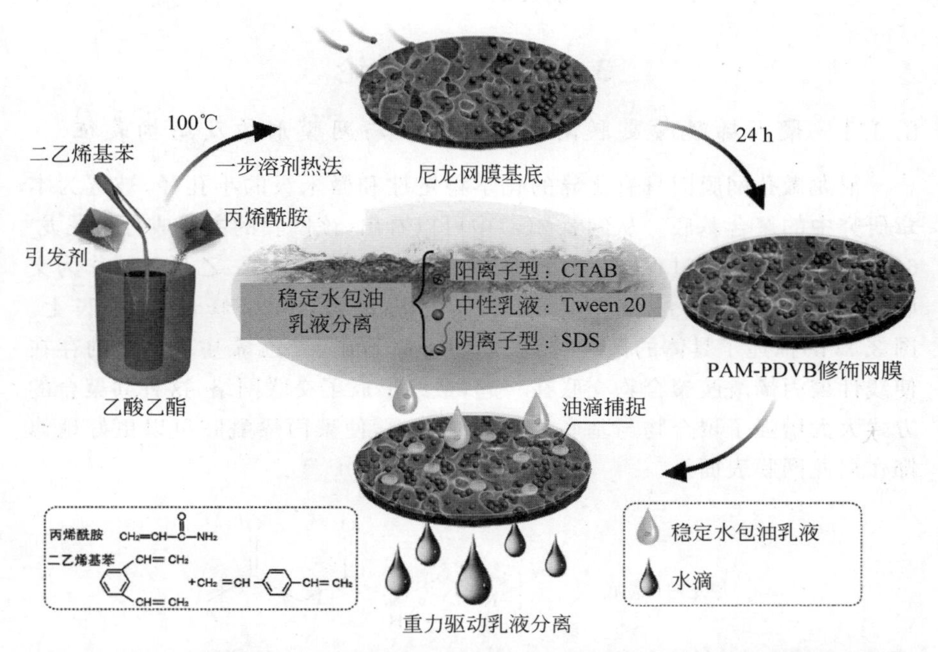

图 3.1　聚丙烯酰胺-聚二乙烯基苯修饰网膜的制备过程及稳定水包油乳液分离效果

3.2.6　乳液分离后水中油含量及分离效率的测定

乳液的水中的油含量是通过红外分光测油仪测定的。测试前需要注意的是，为了防止萃取过程中收集到的水样发生乳化，需要向分离后的水样中加入少量氯化钠(每 25 mL 水样中加入 1 g 氯化钠)；之后，用四氯化碳溶剂进行两次萃取(每次约 20 mL)，转移至容量瓶中(50 mL)并精确定容，最终将萃取液倒入专用的石英比色皿中即可放入红外测油仪进行测试。通过测试萃取液在不同波数处的吸光度，便可以确定滤液中的水中的油含量。

在分离效率的计算中，通过已知的初始水包油乳液的水中的油浓度和分离后滤液中水样的油浓度，结合以下公式，可获得网膜的分离效率：

$$R=\left(1-\frac{C_{\mathrm{p}}}{C_{\mathrm{o}}}\right)\times 100\% \tag{3-1}$$

在式(3-1)中，网膜的乳液分离效率为 R(%)，所用水包油乳液的油含量为 C_{o}，分离后水样中的油浓度为 C_{p}。

3.3　结果与讨论

3.3.1　聚丙烯酰胺交联网络聚合过程与网膜形貌及结构表征

尼龙微孔网膜因具有优异的化学稳定性和微米级的小孔径，被选为本章研究中的聚合基底。从图3.2(a)中可以看出，该网膜的主要成分为尼龙-66。在材料的制备过程中，选用丙烯酰胺作为聚合单体，二乙烯基苯作为交联剂，通过溶剂热法使单体进行自由基聚合，从而修饰到基底上。图3.2(b)描述了具体的聚合过程，从中可以看出，二乙烯基苯单体的存在使线性聚丙烯酰胺聚合物交联在一起，最终形成了交联网络，这种共聚合的方式大大增强了聚合物与基底之间的结合力，使聚丙烯酰胺可以更好地修饰在尼龙网膜表面。

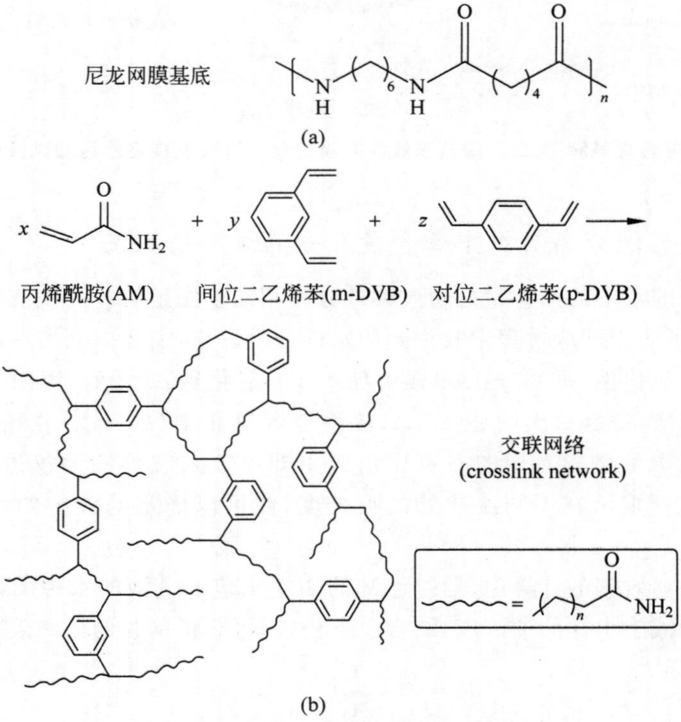

图3.2　溶剂热法用于制备交联网络流程图

(a) 尼龙微孔网膜基底中组成成分的分子式；(b) 溶剂热法具体的聚合过程及最终形成的交联网络

聚丙烯酰胺-聚二乙烯基苯修饰网膜的表面形貌与结构表征如图3.3所示。从尼龙基底的扫描电子显微镜图(图3.3(a))可以看出,整个网膜本身就呈现出粗糙的三维(3D)结构,整体是不规则的,并且有很多交错的孔道存在。图3.3(b)是聚丙烯酰胺与聚二乙烯基苯修饰后网膜的扫描电子显微镜图,与未聚合的基底相比,此时的网膜被一层聚合物均匀包覆,呈现出不同的形貌。从高倍数扫描电镜图(图3.3(c))中可以进一步观察到网膜网孔的边缘出现了很多聚合物褶皱和乳突,从而构成了微米-纳米级的粗糙结构,放大了网膜表面的浸润性。本节主要通过X射线光电子能谱和拉曼光谱对基底和修饰后的网膜进行结构表征。图3.3(d)和图3.3(e)分别为尼龙基底及聚丙烯酰胺-聚二乙烯基苯修饰网膜的C 1s元素X射线光电子窄扫谱图,溶剂热法聚合后,在284.7 eV处检测出了二乙烯基苯中苯环的π—π键。图3.4(f)为两种网膜的拉曼光谱,从图中可以看出,聚合后网膜的拉曼信号强度明显增强,并且在1600 cm^{-1}处和1720 cm^{-1}处出现了代表苯环和酰胺键的峰,分别对应聚合物中的聚二乙烯基苯和聚丙烯酰胺。因此,X射线光电子能谱和拉曼光谱共同证明了聚合反应后,聚丙烯酰胺-聚二乙烯基苯共聚物已经修饰在尼龙网膜基底上。

3.3.2 聚丙烯酰胺修饰网膜浸润性的研究

聚丙烯酰胺修饰网膜的浸润性和耐酸碱能力是通过接触角仪测量材料表面的水接触角及水下油接触角来表征的,最终的接触角是材料表面五个不同位置的接触角的平均值。图3.4(a)和图3.4(b)分别是所制备网膜空气中水接触角及水下油接触角的数码照片,其中的油样二氯乙烷(重油,密度大于水)被罗丹明B染色。当去离子水接触网膜表面时,水滴会迅速浸润网膜并铺展开来,图3.4(a)右上角的插图中显示水接触角几乎为0°。而当网膜浸润在水相中后,二氯乙烷油滴则不会浸润网膜,呈现出准球形,图3.4(b)右上角的插图中水下油接触角则超过了150°。以上实验结果证实了该网膜具有超亲水/水下超疏油的特殊浸润性。根据之前的文献报道,这种浸润性来源于聚丙烯酰胺聚合物本身的亲水性和网膜表面的粗糙结构。除了重油二氯乙烷,本章制备的网膜对甲苯、汽油、正己烷和正庚烷等轻油均具有良好的水下疏油性和低黏附性(图3.4(c)),接触角均大于150°。由于水相会浸润网膜,因此在乳液分离中,网膜的耐酸碱能力显得尤为重要。图3.4(d)为该网膜的耐酸碱性能表征,选取pH为0的酸性溶液和pH为

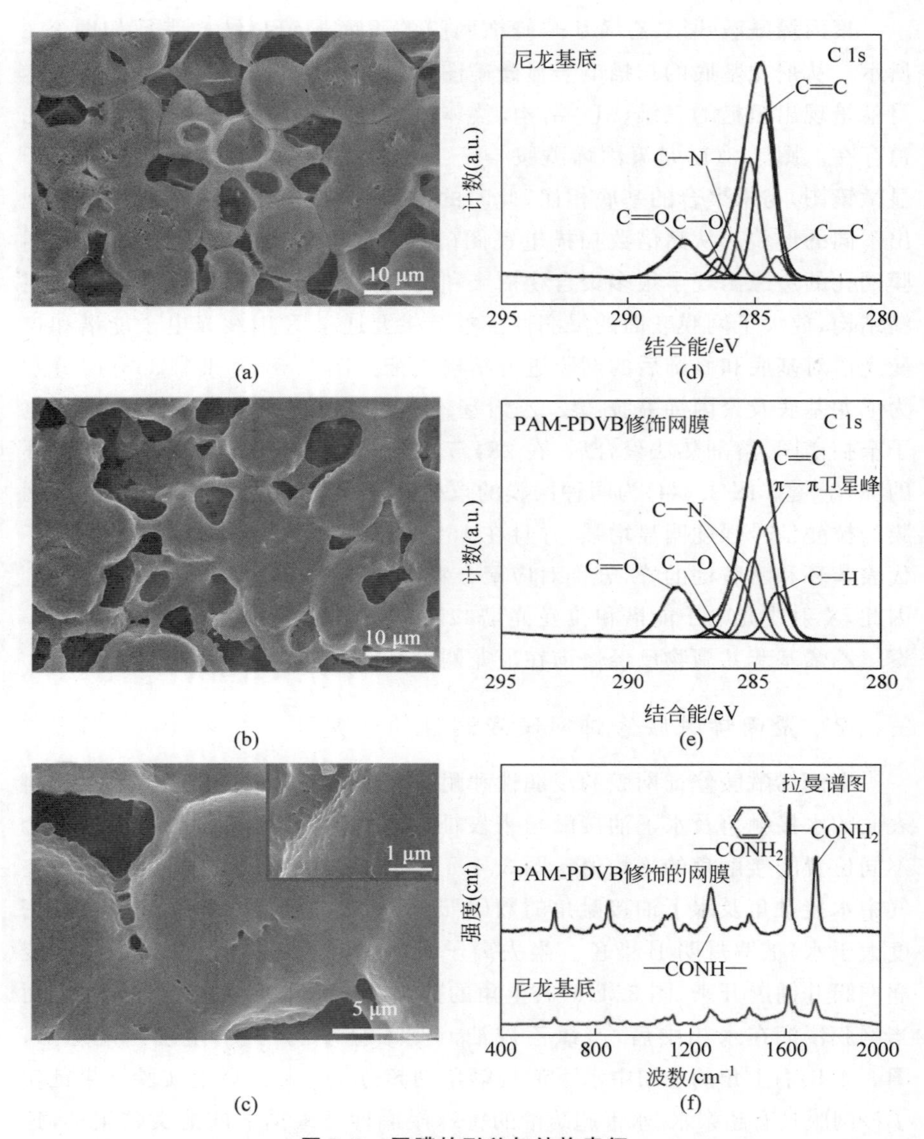

图 3.3　网膜的形貌与结构表征

(a) 尼龙网膜基底的冷场扫描电镜图；(b) 聚丙烯酰胺-聚二乙烯基苯修饰的网膜的扫描电镜图；(c) 高倍数下的扫描电镜图(插图是该网膜的粗糙结构)；(d) 尼龙基底的 C 1s 元素 X 射线光电子能谱窄扫谱图；(e) 修饰聚合物的网膜基底的 C 1s 元素 X 射线光电子能谱窄扫谱图；(f) 基底与修饰后网膜的拉曼谱图

14 的碱性溶液，分别测量网膜在不同溶液下的水下油接触角，可以看到，聚丙烯酰胺修饰的网膜在全 pH 范围内具备良好的水下超疏油特殊浸润性，可以在实际应用的复杂条件下使用。

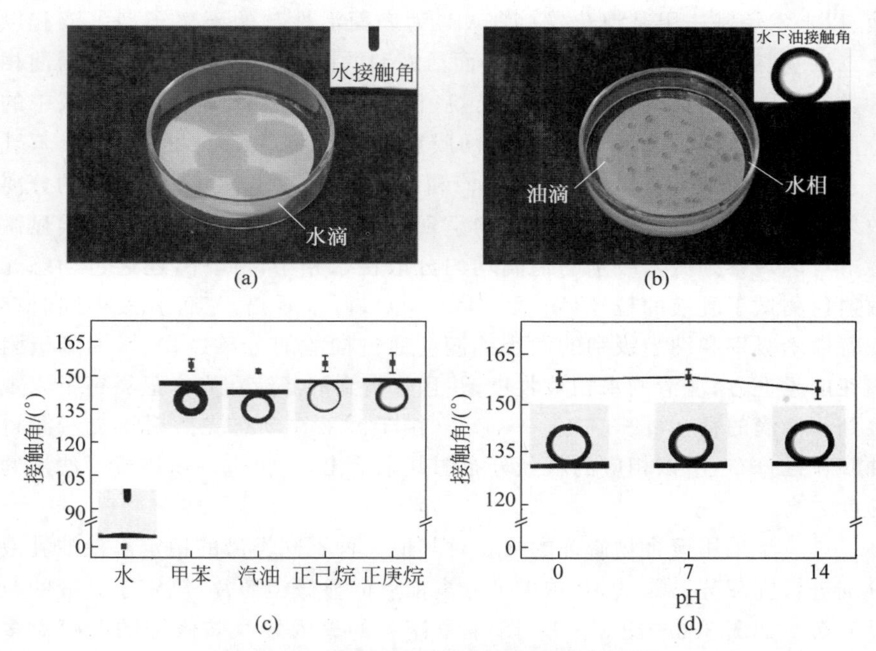

图 3.4　聚丙烯酰胺修饰网膜的浸润性表征

(a) 聚丙烯酰胺修饰的网膜的水接触角及相应的数码照片；(b) 聚丙烯酰胺修饰的网膜的水下油接触角及相应的数码照片；(c) 具体的空气中水接触角及水下甲苯、水下汽油、水下正己烷和水下正庚烷接触角；(d) 酸性条件、中性条件和碱性条件下的水下油接触角

3.3.3　聚丙烯酰胺修饰网膜的水包油乳液分离机理及效果

作为典型的阻油型材料，本章制备的聚丙烯酰胺-聚二乙烯基苯修饰网膜可以进行多种离子型稳定水包油乳液分离的机理如下：由于网膜同时具备微米级别的孔径和超亲水/水下超疏油特殊浸润性，当水包油乳液接触材料表面时，水相会顺利通过网膜，分散在乳液中的微米级小油滴则会被阻隔在外。更重要的是，在乳液分离过程中，通过网膜的水相还会在表面形成一层水膜，这层水膜不仅能够进一步阻隔乳液中的微米级和纳米级油滴，实现高效的水包油乳液分离，还会赋予材料优异的抗污染能力，延长网膜的使用

寿命。

在网膜的乳液分离实验中，依据表面活性剂的种类，配制了3大类稳定的水包油乳液：分别是以吐温20(Tween 20)为表面活性剂的非离子型乳液、以十六烷基三甲基溴化铵(CTAB)为表面活性剂的阳离子型乳液和以十二烷基三甲基溴化铵(SDS)为表面活性剂的阴离子型乳液。而根据油相种类的不同，分别选用了甲苯、正己烷、汽油和正庚烷作为水包油乳液中的分散相。图3.5是聚合物修饰的网膜对非离子型Tween 20水包甲苯乳液、阳离子型CTAB水包正庚烷乳液和阴离子型SDS水包汽油乳液的分离效果。分离前的三种水包油乳液均呈现出浑浊的乳白色，并且在光学显微镜下可以观察到微米级别的油滴均匀分散在水相中。此外，还通过动态光散射仪测试了乳液的粒径(图3.5(j)～(l))，可以看出，三种乳液中同时存在着微米级别和纳米级别的微小油滴。通过抽滤的分离过程后，油滴被阻隔在网膜上方，澄清的水相被收集，并且收集到的滤液在光学显微镜下未观察到小油滴的存在(图3.5(g)～(i))。由于滤液在动态光散射下无法测得油滴粒径分布，所以相应的粒径分布图并未给出，这也进一步体现了滤液的纯度之高。

进一步采用聚合物修饰的网膜对其他9种不同类型的稳定水包油乳液分别进行乳液分离测试，并拍摄了分离前后的显微镜照片，测定了乳液的粒径分布。如图3.6～图3.8所示，本章制备的聚丙烯酰胺修饰的网膜对多种类型的稳定水包油乳液均具有优异的分离能力。

在乳液分离通量方面，以Tween 20，CTAB和SDS水包甲苯乳液为例进行了测定。如图3.9(a)所示，由于配制的水包油乳液中表面活性剂加入量多，乳液高度稳定，因此聚丙烯酰胺修饰的网膜对三种类型乳液的分离通量并不高，均小于12 L/(m^2·h)。值得一提的是，如果此网膜进行长程使用，一段时间后通量会略有降低，但是通过简单的清洗又会恢复到之前的水平。

此外，还测试了该网膜的穿透压强(图3.9(b))，网膜被固定在抽滤瓶中，垂直放置整个装置，向其中缓慢加入水包油乳液直至穿透网膜。可以看出，该材料可以承受8.2 cm的压力，根据第2章的承压公式可以计算得出聚丙烯酰胺修饰网膜的穿透压强为0.823 kPa。由于采用的乳液是高度稳定的，且与分离不互溶油水混合物相比，乳液分离的总量和通量相对较小，所以此穿透压强在可以接受的范围。

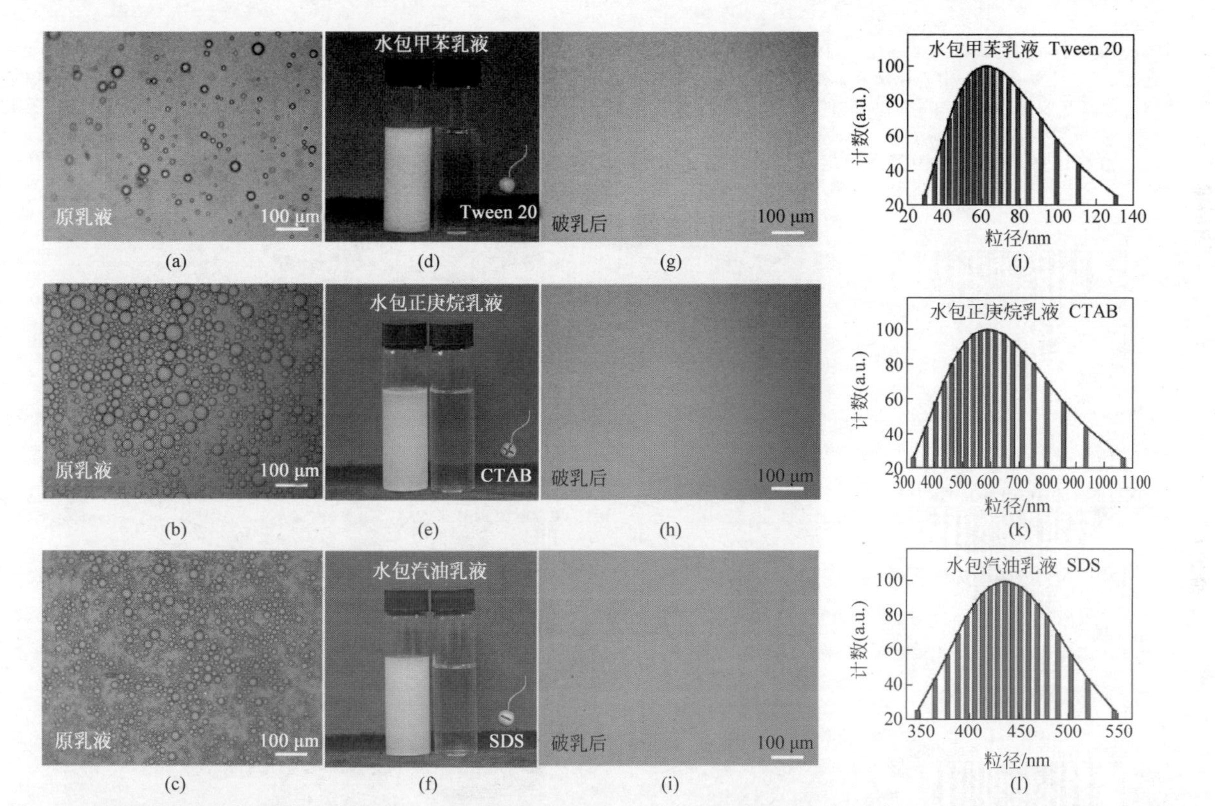

图 3.5　聚丙烯酰胺修饰网膜对非离子型水包甲苯乳液、阳离子型水包正庚烷乳液和阴离子型水包汽油乳液的分离效果

(a) 非离子型水包甲苯乳液的显微镜照片；(b) 阳离子型水包正庚烷乳液的显微镜照片；(c) 阴离子型水包汽油乳液的显微镜照片；(d) 非离子型水包甲苯乳液分离前后的数码对比照片；(e) 阳离子型水包正庚烷乳液分离前后的数码对比照片；(f) 阴离子型水包汽油乳液分离前后的数码对比照片；(g) 非离子型水包甲苯乳液分离后的滤液显微镜照片；(h) 阳离子型水包正庚烷乳液分离后的滤液显微镜照片；(i) 阴离子型水包汽油乳液分离后的滤液显微镜照片；(j) 非离子型水包甲苯乳液粒径分布图；(k) 阳离子型水包正庚烷乳液粒径分布图；(l) 阴离子型水包汽油乳液粒径分布图

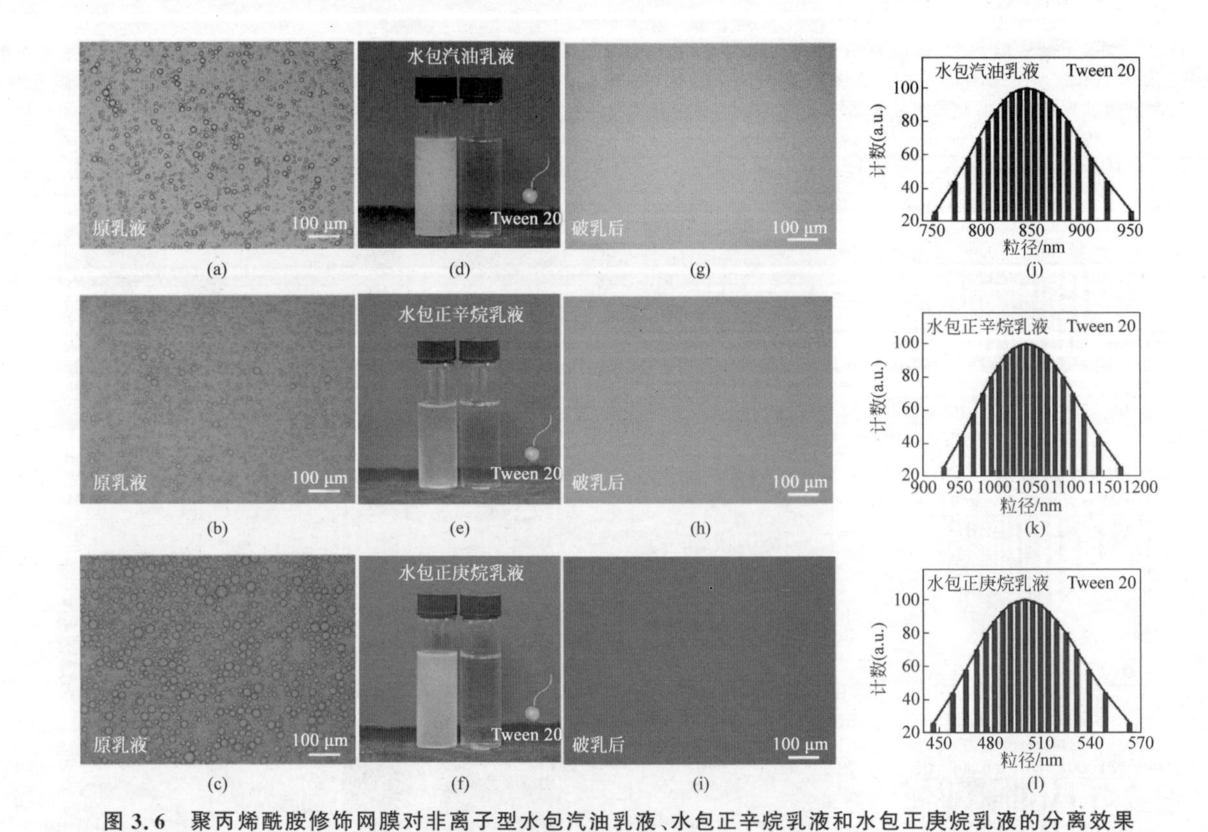

图 3.6 聚丙烯酰胺修饰网膜对非离子型水包汽油乳液、水包正辛烷乳液和水包正庚烷乳液的分离效果

(a) 非离子型水包汽油乳液的显微镜照片；(b) 非离子型水包正辛烷乳液的显微镜照片；(c) 非离子型水包正庚烷乳液的显微镜照片；(d) 非离子型水包汽油乳液分离前后的数码对比照片；(e) 非离子型水包正辛烷乳液分离前后的数码对比照片；(f) 非离子型水包正庚烷乳液分离前后的数码对比照片；(g) 分离非离子型水包汽油乳液后的滤液显微镜照片；(h) 非离子型水包正辛烷乳液分离后的滤液显微镜照片；(i) 非离子型水包正庚烷乳液分离后的滤液显微镜照片；(j) 非离子型水包汽油乳液粒径分布图；(k) 非离子型水包正辛烷乳液粒径分布图；(l) 非离子型水包正庚烷乳液粒径分布图

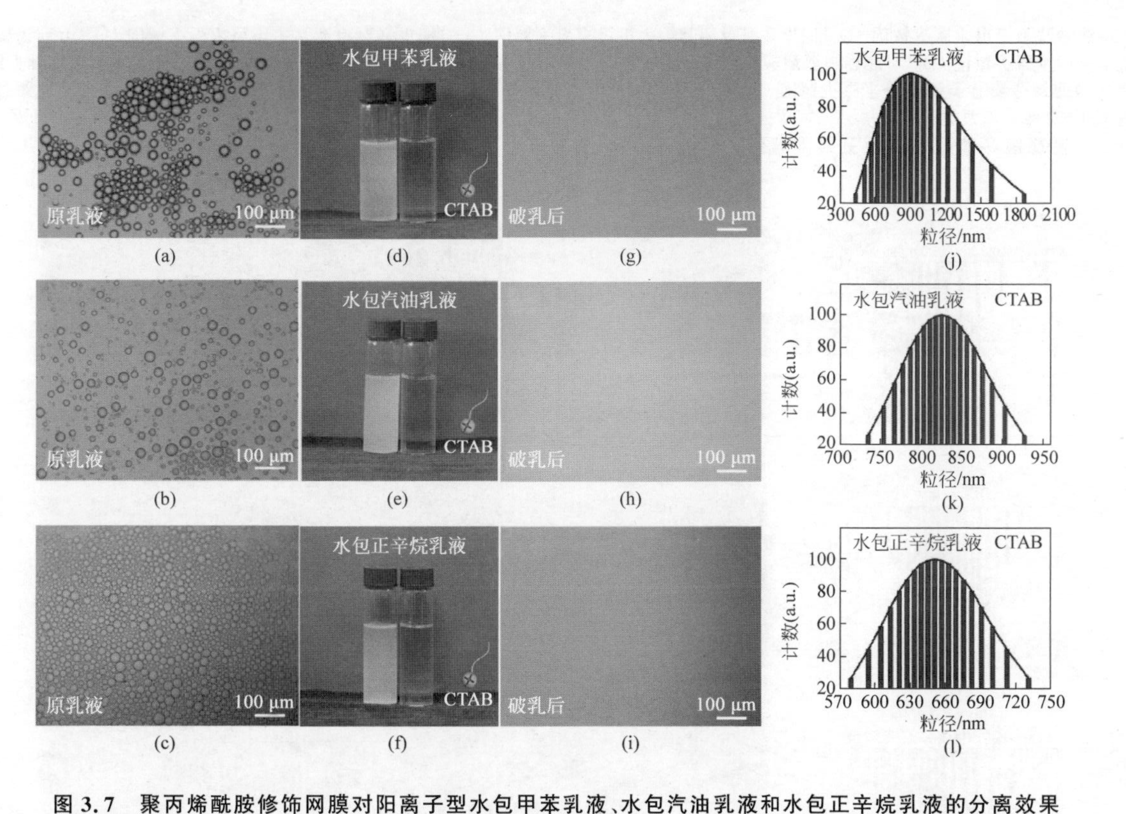

图 3.7　聚丙烯酰胺修饰网膜对阳离子型水包甲苯乳液、水包汽油乳液和水包正辛烷乳液的分离效果

(a) 阳离子型水包甲苯乳液的显微镜照片；(b) 阳离子型水包汽油乳液的显微镜照片；(c) 阳离子型水包正辛烷乳液的显微镜照片；(d) 阳离子型水包甲苯乳液分离前后的数码对比照片；(e) 阳离子型水包汽油乳液分离前后的数码对比照片；(f) 阳离子型水包正辛烷乳液分离前后的数码对比照片；(g) 阳离子型水包甲苯乳液分离后的滤液显微镜照片；(h) 阳离子型水包汽油乳液分离后的滤液显微镜照片；(i) 阳离子型水包正辛烷乳液分离后的滤液显微镜照片；(j) 阳离子型水包甲苯乳液粒径分布图；(k) 阳离子型水包汽油乳液粒径分布图；(l) 阳离子型水包正辛烷乳液粒径分布图

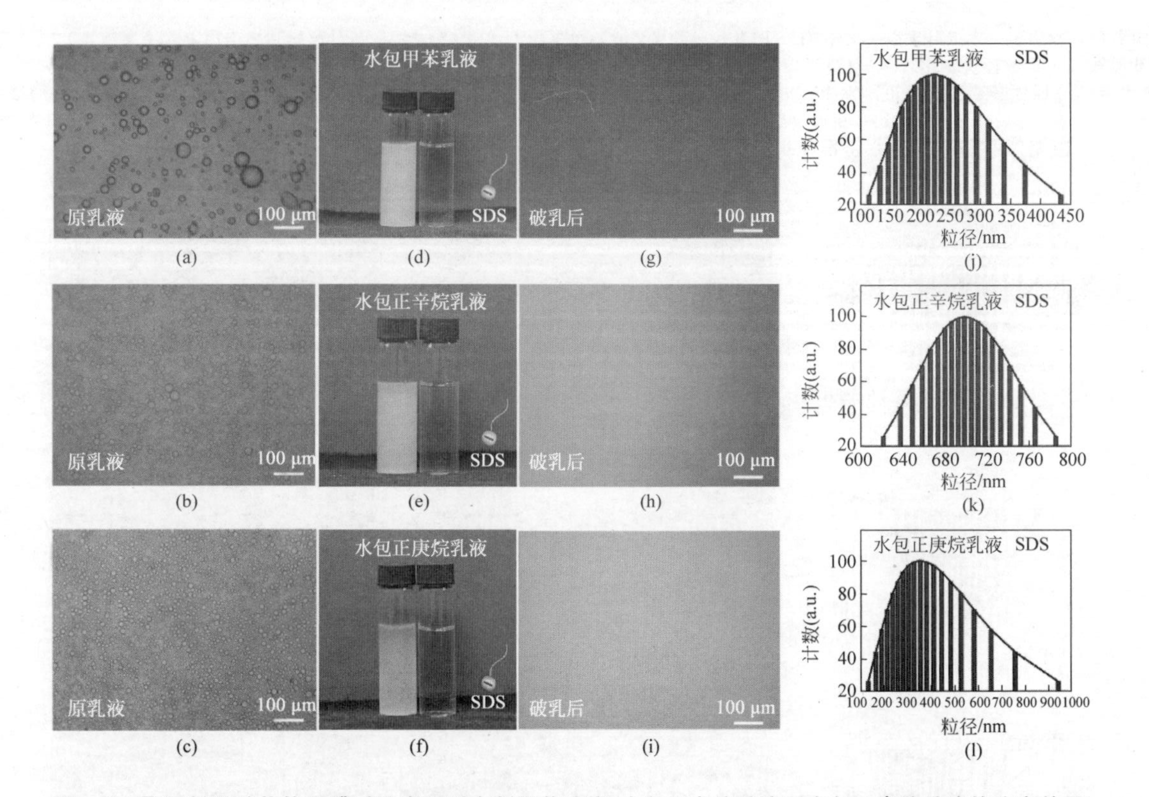

图 3.8　聚丙烯酰胺修饰网膜对阴离子型水包甲苯乳液、水包正辛烷乳液和水包正庚烷乳液的分离效果

(a) 阴离子型水包甲苯乳液的显微镜照片；(b) 阴离子型水包正辛烷乳液的显微镜照片；(c) 阴离子型水包正庚烷乳液的显微镜照片；(d) 阴离子型水包甲苯乳液分离前后的数码对比照片；(e) 阴离子型水包正辛烷乳液分离前后的数码对比照片；(f) 阴离子型水包正庚烷乳液分离前后的数码对比照片；(g) 阴离子型水包甲苯乳液分离后的滤液显微镜照片；(h) 阴离子型水包正辛烷乳液分离后的滤液显微镜照片；(i) 阴离子型水包正庚烷乳液分离后的滤液显微镜照片；(j) 阴离子型水包甲苯乳液粒径分布图；(k) 阴离子型水包正辛烷乳液粒径分布图；(l) 阴离子型水包正庚烷乳液粒径分布图

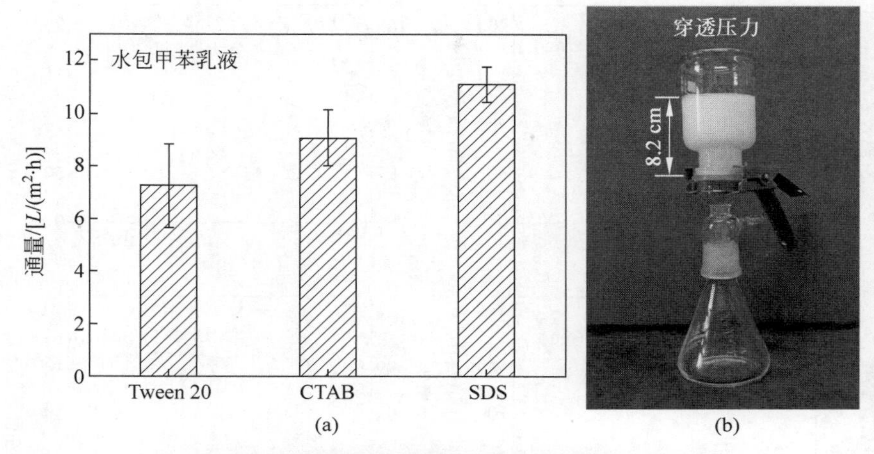

图 3.9　聚丙烯酰胺修饰网膜乳液分离通量与承压能力

(a) 所制备网膜对非离子型、阳离子型和阴离子型水包甲苯乳液的分离通量；
(b) 网膜的穿透压强测定

3.3.4　聚丙烯酰胺修饰网膜乳液分离效率及重复使用性能的研究

通过红外测油仪测定出分离后滤液的水中的油含量，便可以进一步计算出制备网膜的乳液分离效率。该网膜对十二种不同类型的水包油乳液的分离效率如图 3.10(a)～(c)所示，可以看出，无论是非离子型、阳离子型还是阴离子型乳液，其分离后的水中油含量都在 50～70 $mg \cdot L^{-1}$，分离效率也都高于 99%。

此外，网膜的重复使用能力也是评价阻油型过滤式材料的重要指标，本章制备的网膜在连续使用 30 次后，其水中的油含量依然小于 70 $mg \cdot L^{-1}$，分离效率仍保持在 99%以上，具有良好的稳定性和实际油水分离应用前景。除了网膜本身的性能表征，所分离的水包油乳液是否稳定也是另一项衡量材料乳液分离能力的指标。图 3.10(e)和图 3.10(f)是阳离子型、非离子型和阴离子型水包油乳液的稳定性测试，所配制的乳液在静置 4 d 后依然十分稳定，并没有破乳的迹象。

3.3.5　聚丙烯酰胺修饰网膜耐酸碱性能的研究

在表征网膜耐酸碱性能的实验中，分别配置了 pH 为 0 和 pH 为 14 的

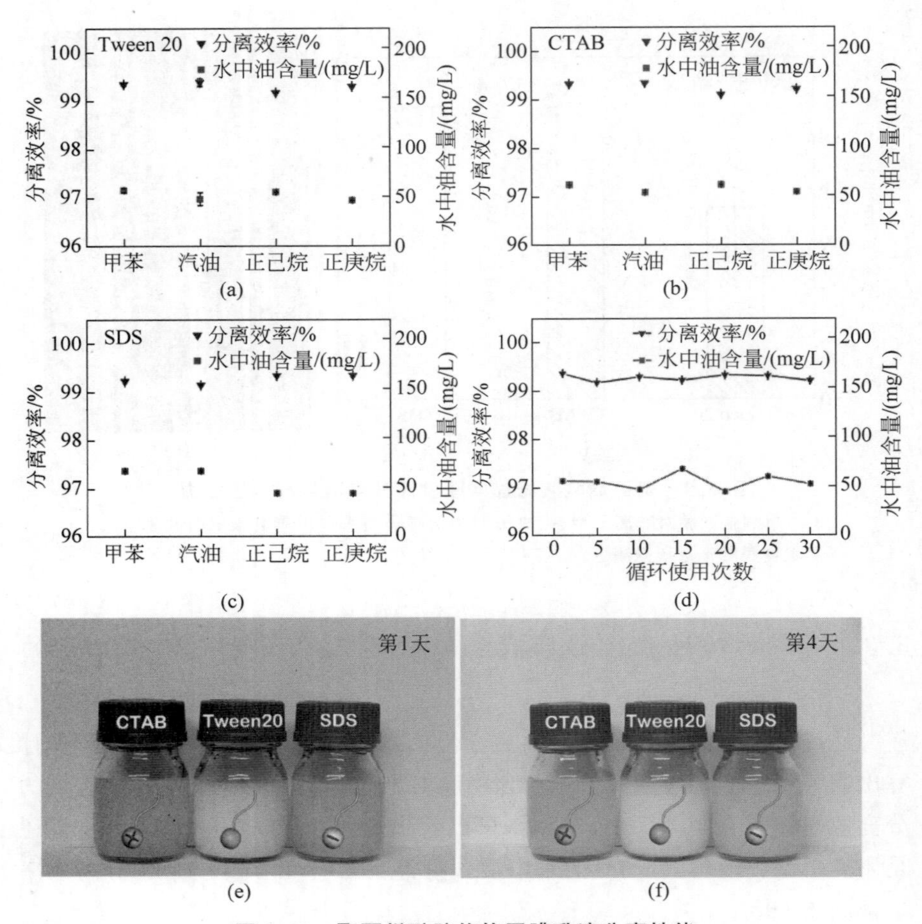

图 3.10 聚丙烯酰胺修饰网膜乳液分离性能

(a) 网膜对各类非离子型水包油乳液的分离效率；(b) 网膜对各类阳离子型水包油乳液的分离效率；(c) 网膜对各类阴离子型水包油乳液的分离效率；(d) 制备网膜的重复使用性能测试；(e) 配制的阳离子型、非离子型及阴离子型水包油乳液的稳定性测试(第 1 天)；(f) 配制的阳离子型、非离子型及阴离子型水包油乳液的稳定性测试(第 4 天)

Tween 20 水包甲苯乳液、CTAB 水包甲苯乳液和 SDS 水包甲苯乳液。图 3.11 给出了聚丙烯酰胺修饰的网膜对上述六种乳液的分离效果数码照片，可以看出，酸性和碱性条件对 Tween 20 水包油乳液的影响较小，而对 CTAB 与 SDS 类型的水包油乳液有一定的影响，其原乳液并没有中性条件下的乳液浑浊乳白。在经过所制备网膜的分离后，均可以收集到澄清透明的滤液。

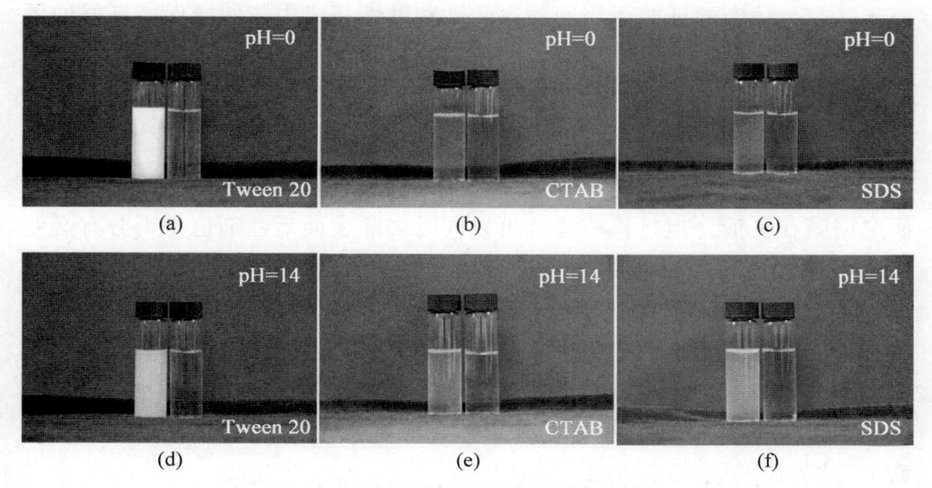

图 3.11　聚丙烯酰胺修饰网膜的耐酸碱性能

(a) 制备网膜对 pH 为 0 的非离子型水包甲苯的分离效果数码照片；(b) 制备网膜对 pH 为 0 的阳离子型水包甲苯乳液的分离效果数码照片；(c) 制备网膜对 pH 为 0 的阴离子型水包甲苯乳液的分离效果数码照片；(d) 制备网膜对 pH 为 14 的非离子型水包甲苯乳液的分离效果图；(e) 制备网膜对 pH 为 14 的阳离子型水包甲苯乳液的分离效果图；(f) 制备网膜对 pH 为 14 的阴离子型水包甲苯乳液的分离效果图

接下来，对该网膜在酸性和碱性条件下的乳液分离效率进行了测试(图 3.12)。对于 Tween 20 非离子型乳液，其在酸性和碱性条件下依然具有极高的分离效率(高于 99%)；而对于 CTAB 阳离子型和 SDS 阴离子型乳液，与中性条件下的乳液分离相比，其分离效率略有减小，但仍高于

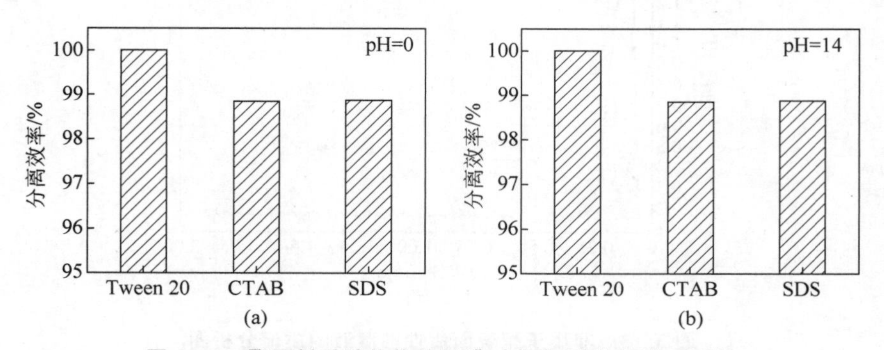

图 3.12　聚丙烯酰胺修饰的网膜对非离子型、阳离子型与阴离子型水包油乳液的分离效率

(a) 酸性；(b) 碱性

98.6%。上述实验证明了该网膜在酸性和碱性环境中依然能保持良好的乳液分离能力。

3.3.6 聚丙烯酰胺修饰网膜表面活性剂去除能力的研究

由于本章配制的水包油乳液中表面活性剂的浓度高达 4 g·L^{-1},因此研究网膜在乳液分离过程中是否可以同时去除表面活性剂也是十分有必要的。针对这一问题,本节通过质谱来确定表面活性剂的种类,通过滤液与标准溶液的总离子流图和提取离子流图来表征表面活性剂的去除效率。测试过程中,Tween 20 滤液稀释至原浓度的 1/30,CTAB 和 SDS 滤液则稀释至原浓度的 1/100。此外,为了确定和计算具体的表面活性剂去除能力,还表征了三种浓度为 12 mg/L 的表面活性剂标准水溶液的总离子流图和提取离子流图,如图 3.13 所示。

图 3.13 描述了网膜对 Tween 20 水包油乳液的表面活性剂去除效果。在其质谱图(图 3.13(b))中,出现了一系列质荷比相差约为 44 的数值分布(分别为 371.2196 与 327.1995,437.2371 与 393.2098,611.3442 与 567.3191,655.3690 与 611.3442,768.4622 与 812.4834 等),由于 Tween 20 的重复基团 C_2H_4O 的质荷比为 44,因此可以确定滤液中存在此非离子型表面活性剂。再通过比较其与标准溶液的总离子流图的面积,可以计算出在乳液分离过程中,73.73%的 Tween 20 表面活性剂被阻隔在外。

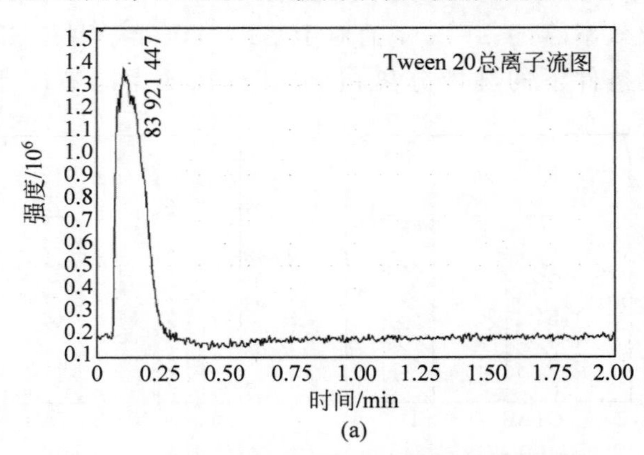

图 3.13 非离子型表面活性剂溶液的质谱分析图

(a) 非离子型乳液(Tween 20)分离后所得滤液的总离子流图;(b) 非离子型乳液(Tween 20)分离后所得滤液的质谱图;(c) 标准 Tween 20 水溶液的总离子流图;(d) 标准 Tween 20 水溶液的质谱图

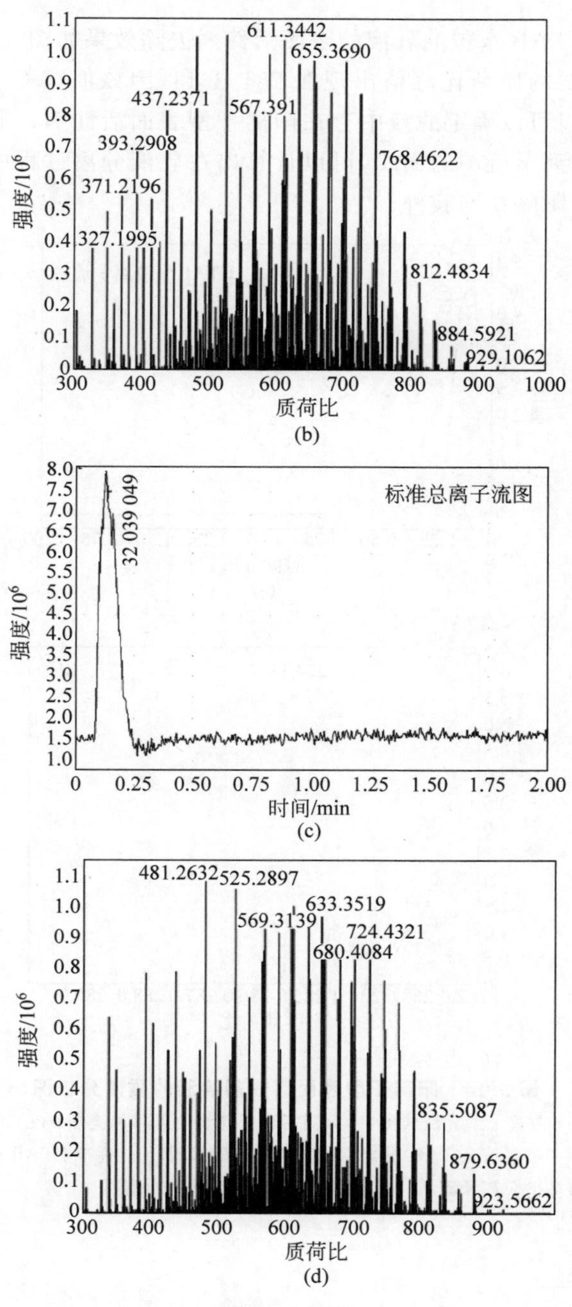
1.1
1.0
0.9
0.8
0.7
0.6
0.5
0.4
0.3
0.2
0.1
0
611.3442
655.3690
437.2371
567.391
393.2908
768.4622
371.2196
327.1995
812.4834
884.5921
929.1062
强度/10^6
300
400
500
600
700
800
900
1000
质荷比
(b)
8.0
7.5
7.0
6.5
6.0
5.5
5.0
4.5
4.0
3.5
3.0
2.5
2.0
1.5
1.0
32 039 049
标准总离子流图
强度/10^6
0
0.25
0.50
0.75
1.00
1.25
1.50
1.75
2.00
时间/min
(c)
1.1
1.0
0.9
0.8
0.7
0.6
0.5
0.4
0.3
0.2
0.1
0
481.2632
525.2897
633.3519
569.3139
724.4321
680.4084
835.5087
879.6360
923.5662
强度/10^6
300
400
500
600
700
800
900
质荷比
(d)

图 3.13　（续）

网膜对 CTAB 水包油乳液的表面活性剂去除效果如图 3.14 所示。在质谱图中，主要的质荷比峰值出现在 284.3314，因该值与 $C_{19}H_{42}N^+$ 的质荷比吻合，所以可以确定滤液中存在阳离子型表面活性剂。通过对比其与标准溶液的总离子流图的面积，可以计算出在乳液分离过程中，68.60%的表面活性剂被阻隔在网膜外。

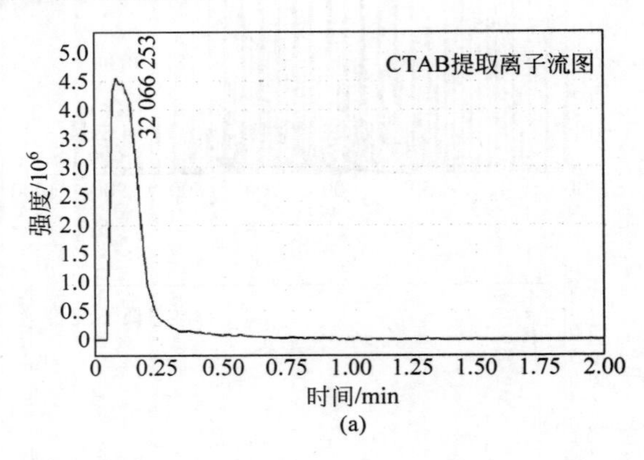

(a)

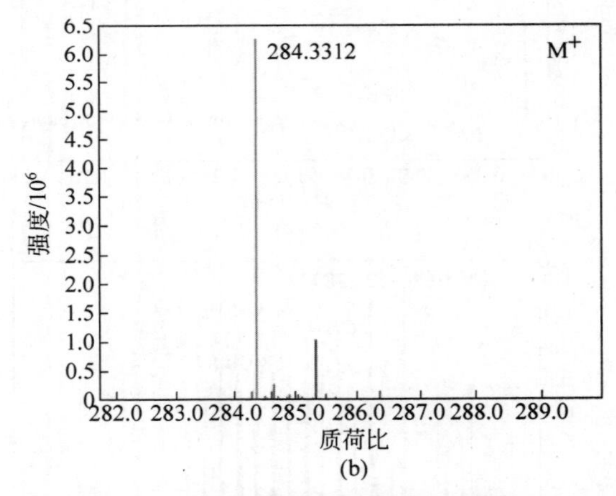

(b)

图 3.14 阳离子型表面活性剂溶液的质谱分析图

(a) 阳离子型乳液(CTAB)分离后所得滤液的总离子流图；(b) 阳离子型乳液(CTAB)分离后所得滤液的质谱图；(c) 标准 CTAB 水溶液的总离子流图；(d) 标准 CTAB 水溶液的质谱图

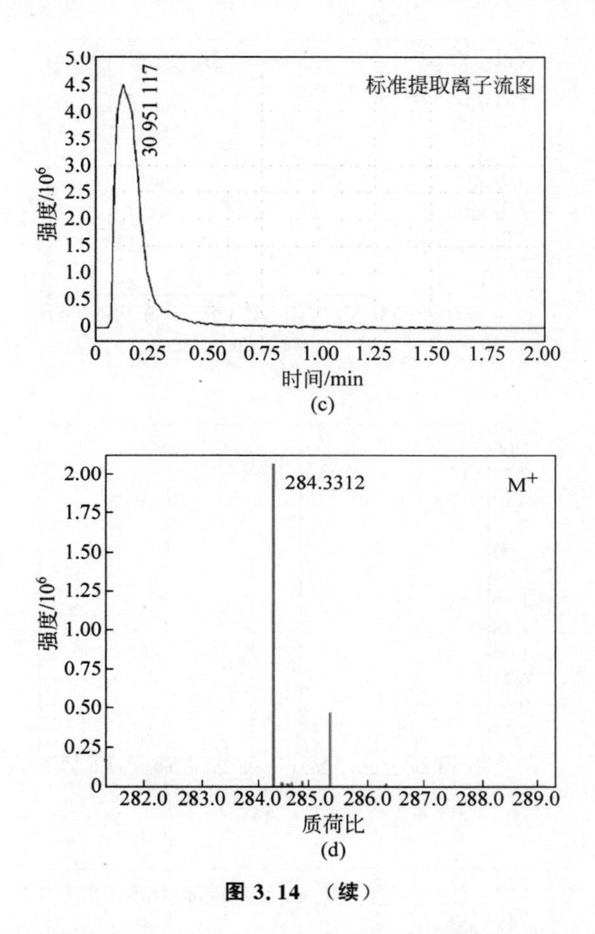

图 3.14 （续）

图 3.15 是网膜对 SDS 水包油乳液表面活性剂的去除效果图。在质谱图中，主要的质荷比峰值出现在 265.1477，与 $C_{12}H_{25}SO_4^-$ 的质荷比吻合，所以可以确定滤液中存在此阴离子型表面活性剂。通过对比其与标准溶液的总离子流图的面积，可以计算出在乳液分离过程中，几乎所有的 SDS 表面活性剂都通过了网膜，进入了滤液。因此，本章制备的聚丙烯酰胺修饰网膜对非离子型和阳离子型表面活性剂有一定的去除效果，对阴离子型表面活性剂则无去除效果。其原因可能是 Tween 20 与 CTAB 的相对分子质量更大，且分子组成更加复杂，所以网膜可以阻隔其中的部分表面活性剂。

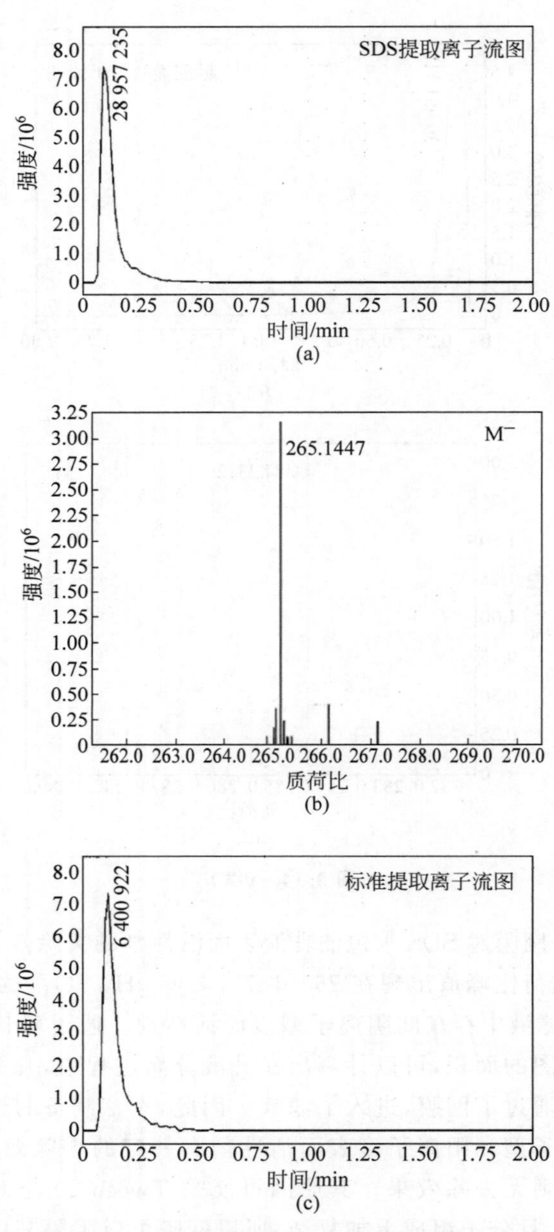

图 3.15　阴离子型表面活性剂溶液的质谱分析图

(a) 阴离子型乳液(SDS)分离后所得滤液的总离子流图；(b) 阴离子型乳液(SDS)分离后所得滤液的质谱图；(c) 标准 SDS 水溶液的总离子流图；(d) 标准 SDS 水溶液的质谱图

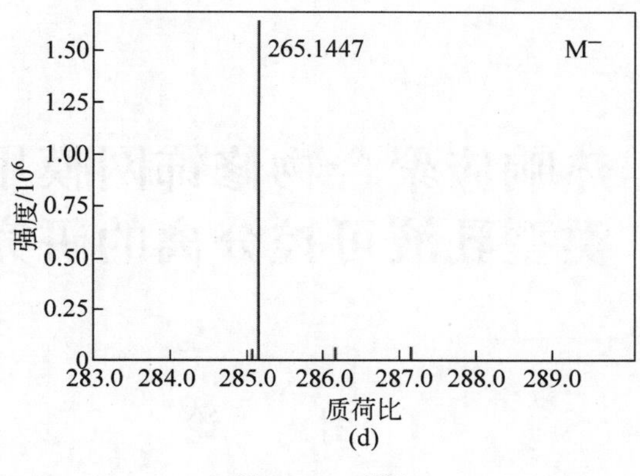

图 3.15　(续)

3.4　小　　结

本章通过一步简单的溶剂热修饰聚合方法制备出了阻油型聚丙烯酰胺-聚二乙烯基苯共聚物修饰的尼龙网膜。二乙烯基苯作为交联剂，极大地提高了基底和聚合物之间的结合力。通过网膜本身的超亲水/水下超疏油特殊浸润性和微米级别的孔径，本章制备的材料对多种类型的水包油乳液(包括阴离子型、阳离子型和非离子型乳液)均具有优异的分离能力。此外，与之前的工作相比，本章配制的水包油乳液也更加稳定，可以存在多天而不自动破乳。更重要的是，该网膜还具有优异的抗酸碱能力、重复使用性能和高于 99％的乳液分离效率，所用的溶剂热法也是一种相对温和的聚合方式，这些都为该阻油型乳液分离网膜的工业化应用提供了可能。

第4章　热响应聚合物修饰网膜用于不同类型乳液可控分离的研究

4.1　引　　论

具有特殊浸润性的过滤型材料在油水分离方面的应用已经得到了大量的研究。这种材料可以高选择性地实现不互溶油水分离或油水乳液的分离。此外，由于整个分离过程不会产生二次污染，因此分离后得到的纯净的油相或水相也无需后处理。在第2章和第3章中，分别制备出了性能优异的阻水型和阻油型过滤型材料，实现了高效率的稳定油水及乳液分离，提升了两类材料的分离效率，拓宽了材料的使用范围，并推动了其工业化应用。

然而，上述两类材料仅具有单一的特殊浸润性，只能实现一种油水混合物的分离。为解决这一问题，智能响应型油水分离材料得到了广泛的关注。这类材料通过对热、电、光、溶剂、气体、pH等外界刺激的响应，可以使其表面的特殊浸润性在两种不同的状态下发生转换，从而进一步实现可控油水分离。由于在实际的油水分离中，大多数情况下不同类型的油水混合物会同时存在，因此响应型材料可以极大地简化分离装置、节约制备不同浸润性材料的成本、提高整体的油水处理速率。研究至今，已经有多种响应型材料被成功制备出来，但是，这类材料还存在一些缺陷，如制备方法繁琐、原料成本高，并且只能实现不互溶油水混合物的可控分离，对多种类型的油水乳液无能为力。因此，设计出成本低廉、制备方法简单、可以实现多种乳液可控分离的响应性材料仍然是一项挑战。

本章以市面上的尼龙微孔网膜为基底，通过简单的水热聚合法将具有热响应性能的聚*N*-异丙基丙烯酰胺（PNIPAAm）成功修饰在网膜表面。因所制备的材料同时具备微米级别的孔径、相对粗糙的表面结构和热响应的浸润性转变，所以被赋予了在不同温度下分离稳定水包油乳液和油包水乳液的新功能。当温度低于聚合物的最低临界共溶温度（LCST）时，网膜表现为高亲水/水下超疏油的特殊浸润性，因此可以作为阻油型材料，实现包括阳离子型、非离子型和阴离子型在内的水包油乳液的分离。而当温度高于其最低临界共溶温度(LCST)时，网膜的浸润性会发生反转，表现为高疏水/超亲油特殊浸润性，因此可以作为阻水型材料，用于稳定油包水乳液的分离。由于该网膜具备合成方法简单、原料成本低、分离乳液种类多等诸多优势，因此在油泄漏事故处理、废水处理、远程乳液分离控制单元和燃油净化等领域具有良好的应用前景。

4.2 实验部分

4.2.1 原料与试剂

本章研究中用到的主要原料与试剂见表4.1。

表4.1 本章研究中用到的原料与试剂

原料与试剂	规格与说明	生产厂家
N-异丙基丙烯酰胺	聚合单体，分析纯	百灵威科技有限公司
过硫酸铵	分析纯	国药化学试剂有限公司
十二烷基硫酸钠	化学纯	国药化学试剂有限公司
十六烷基三甲基溴化铵	化学纯	国药化学试剂有限公司
吐温20	化学纯	国药化学试剂有限公司
司盘80	化学纯	国药化学试剂有限公司
甲苯	分析纯	北京市通广精细化工公司
汽油	标号95#	中国石化加油站
正己烷	分析纯	北京化工厂
润滑油	型号SJ 10W-40	中化石油化工股份有限公司
四氯化碳	纯度≥99.5%	天津傲然精细化工研究所
尼龙微孔网膜	孔径为0.45 μm	海盐新东方塑化科技有限公司

4.2.2 仪器与设备

本章研究中用到的仪器与设备见表4.2。

表4.2 本章研究中用到的仪器与设备

仪器与设备	型号	生产厂家
扫描电子显微镜	SU-8010	日本日立公司
傅里叶变换红外光谱分析仪	VERTEX 70	布鲁克公司
光学显微镜	ECLIPSE LV 100POL	尼康公司

续表

仪器与设备	型　　号	生 产 厂 家
原子力显微镜	SPM-9600	日本岛津公司
静态接触角仪	OCA-20	德国 Data-physics 公司
红外分光测油仪	Oil 480	华夏科创仪器股份有限公司
库仑卡尔费休水分仪	KF Coulometric 71000	英国 GR Scientific 公司

4.2.3 PNIPAAm 聚合物修饰网膜的制备

本章所用的热响应 PNIPAAm 修饰网膜是通过一步水热聚合的方法制备的。首先，将一定质量的 *N*-异丙基丙烯酰胺单体溶解在 45 mL 的去离子水中，之后向溶液中加入 0.15 g 的过硫酸铵引发剂并在室温下搅拌 30 min，转移到特氟龙的反应釜中。接下来，将孔径为 0.45 μm 的尼龙微孔网膜浸入溶液中，于 82℃的条件下反应 5 h。最后，将 PNIPAAm 修饰的网膜取出，用去离子水仔细冲洗表面并烘干备用。

4.2.4 不同类型水包油乳液和油包水乳液的配制

在稳定水包油乳液的配制方面，基于表面活性剂种类的不同，本章配制了 3 大类水包油乳液，分别为阳离子型(CTAB)水包油乳液、非离子型(Tween 20)水包油乳液与阴离子型(SDS)水包油乳液。对于每一类乳液，选取汽油、正己烷、甲苯和润滑油 4 种油样作为水包油乳液的分散相。在每种乳液的配制过程中，油和水按照 1∶100 的体积比进行混合，并加入 $1\ mg \cdot mL^{-1}$ 的相应表面活性剂。每种乳液在使用前都在 1000 r/min 的转速下搅拌 24 h。

在稳定油包水乳液的配制方面，选用司盘 80(Span 80)作为表面活性剂。同样选取上述 4 种油样，水和油按照 1∶100 的体积比进行混合，同时加入 $1\ mg \cdot mL^{-1}$ 的表面活性剂，并于室温下搅拌 24 h 后使用。

4.2.5 网膜热响应可控乳液分离实验

在水包油乳液分离的实验中，聚合物修饰的网膜首先被固定在抽滤装置中，之后在 0.1 MPa 的压强下缓慢倒入配制好的水包油乳液，整个分离过程在 25℃的环境温度下完成。而在油包水乳液分离的实验中，首先将网膜加热到 45℃，之后在此温度下进行油包水乳液的分离，整个分离过程在重力条件下完成。

4.2.6　可控乳液分离效率的测定

水包油乳液的分离效率是通过红外分光测油仪测定分离后滤液中的油含量来确定的。与第3章中的测定方法相同，通过四氯化碳对滤液进行两次振荡萃取，并在容量瓶中定容后，将一定量的萃取液倒入石英比色皿中进行测量，通过测定不同波数处官能团的吸光度，最终可以确定水样中的油含量。最终的油含量是网膜三次乳液分离后含量的平均值。

对于油包水乳液分离效率的表征，在分离过程结束后，将收集到的油相滤液直接通过库仑卡尔费休水分仪测定其中的水含量，同样测试三次乳液分离后的水含量，最终得到平均值。

在分离效率的计算中，与第3章类似，通过式(3-1)即可获得网膜的水包油乳液或油包水乳液的分离效率。

在式(3-1)中，网膜的乳液分离效率为R(%)，对于不同类型的乳液分离，式中的参数略有区别。当应用于水包油乳液分离时，所用水包油乳液的初始油含量为C_o，分离后滤液中的水中的油含量记为C_p；而对于油包水乳液分离，所用油包水乳液的初始水含量为C_o，分离后滤液中的油中的水含量则记为C_p。

4.3　结果与讨论

4.3.1　PNIPAAm聚合物修饰网膜的形貌与结构表征

通过水热聚合法将聚合物修饰到网膜上后，通过场发射扫描电子显微镜和原子力显微镜共同观察网膜的表面形貌。图4.1(a)和图4.1(d)分别是孔径为0.45 μm的尼龙微孔网膜基底的低倍数和高倍数扫描电镜图，本章所用基底呈现出交错互穿的3D网状结构，并具有一定的粗糙度。而在修饰PNIPAAm聚合物后，原本基底中的一些网孔被聚合物覆盖，因此会使孔径有所减小，起伏变得比较均匀(图4.1(b)和图4.1(e))。此外，还观察了PNIPAAm网膜横截面的扫描电镜图，从图中可以看出，整个网膜的表面都被一层聚合物均匀修饰，该层厚度约为0.86 μm(图4.1(c)和图4.1(f))。为了进一步表征材料表面的起伏程度，用原子力显微镜测量了尼龙网膜基底和所制备网膜的粗糙度，如图4.1(g)和图4.1(h)所示，二者Rq的平均值分别为334.3 nm和12.4 nm，尽管聚合后网膜的粗糙度略有减小，但是从图中也可以观察到一些微小的纳米级突起结构，这些结构可以起到放大表面浸润性的作用。

所修饰网膜的化学结构是通过傅里叶变换红外光谱分析仪进行表征的。图 4.1(i)为尼龙网膜基底与 PNIPAAm 修饰的网膜的红外谱图,与基底的谱图相比,聚合后的网膜谱图中出现了新的峰：如 3420 cm^{-1} 处的峰对应的是酰胺键(—CO—NH—)的伸缩振动；2975 cm^{-1} 与 1481 cm^{-1} 处的峰则对应甲基基团(—CH_3)的反对称伸缩振动和变形；1625 cm^{-1} 处的峰是羰基基团(C═O)的特征峰；1370 cm^{-1} 处的峰则对应仲胺(—NH)的振动。上述特征峰均是聚合物 *N*-异丙基丙烯酰胺的特征峰,因此可以证明网膜表面已经被成功修饰上了 PNIPAAm 聚合物。

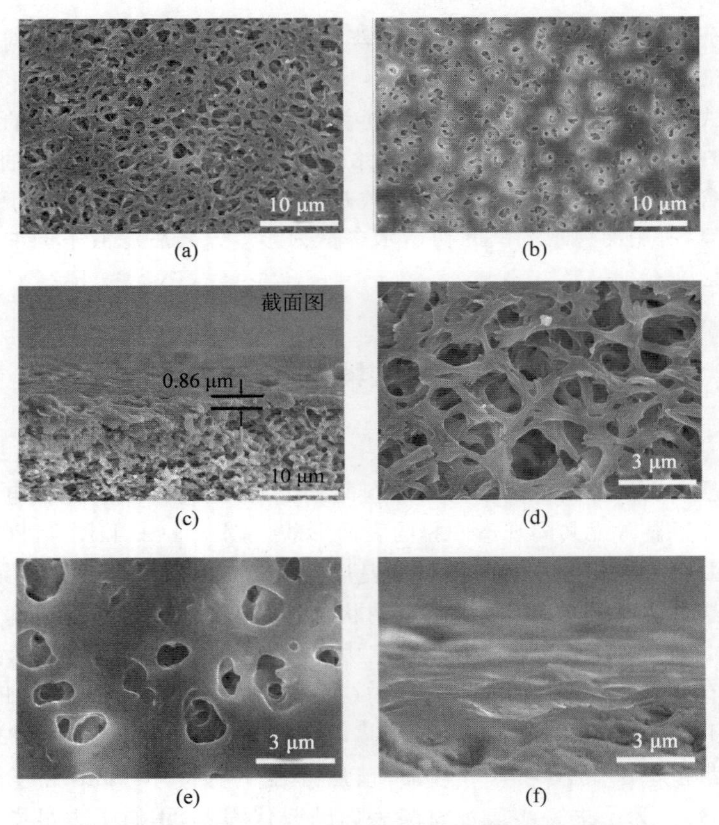

图 4.1　尼龙网膜基底与 PNIPAAm 修饰的网膜的结构表征

(a) 基底的扫描电子显微镜图；(b) PNIPAAm 修饰的网膜的扫描电子显微镜图；(c) 所制备网膜的截面图；(d) 高倍数下基底的扫描电子显微镜图；(e) 所制备网膜的扫描电子显微镜图；(f) 所制备网膜截面的扫描电子显微镜图；(g) 尼龙网膜基底的原子力显微镜图及其粗糙度；(h) PNIPAAm 网膜的原子力显微镜图及其粗糙度；(i) 基底与所制备网膜的红外光谱图

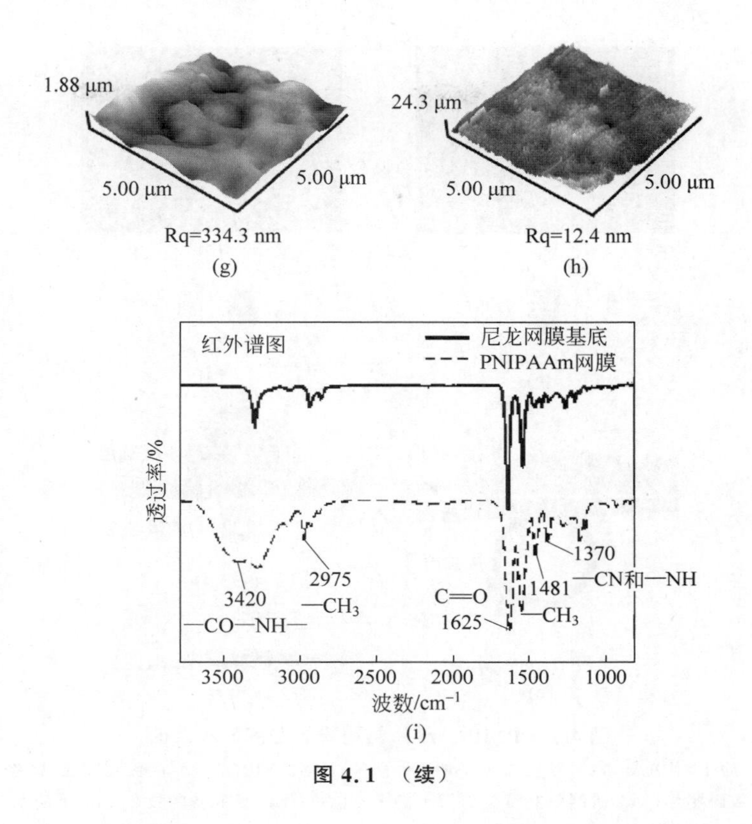

图 4.1　(续)

4.3.2　PNIPAAm 聚合物修饰网膜的热响应浸润性研究

在浸润性表征方面，本节首先用相似的方法制备出了 PNIPAAm 的水凝胶，然后研究了其不同温度下的热响应情况(图 4.2(a)和图 4.2(b))。可以看出，当处在 25℃的环境温度下时，整个水凝胶呈现出透明且亲水的状态；而当温度升高至 45℃时，此时温度已高于 PNIPAAm 的最低共溶温度，分子内氢键形成，水凝胶会逐渐变浑浊，导致疏水性增强。

此外，还表征了 PNIPAAm 聚合物修饰的网膜在不同温度下的热响应浸润性，如图 4.2(c)～(f)所示。在 25℃的环境温度下，网膜表面呈现出高亲水/水下超疏油的特殊浸润性，其空气中的水接触角小于 30°，水下油的接触角则大于 150°。而当温度升高至 45℃时，材料表面的浸润性会发生反转，空气中水的接触角约为 120°，油的接触角则小于 10°，表现出疏水/亲油的特殊浸润性。

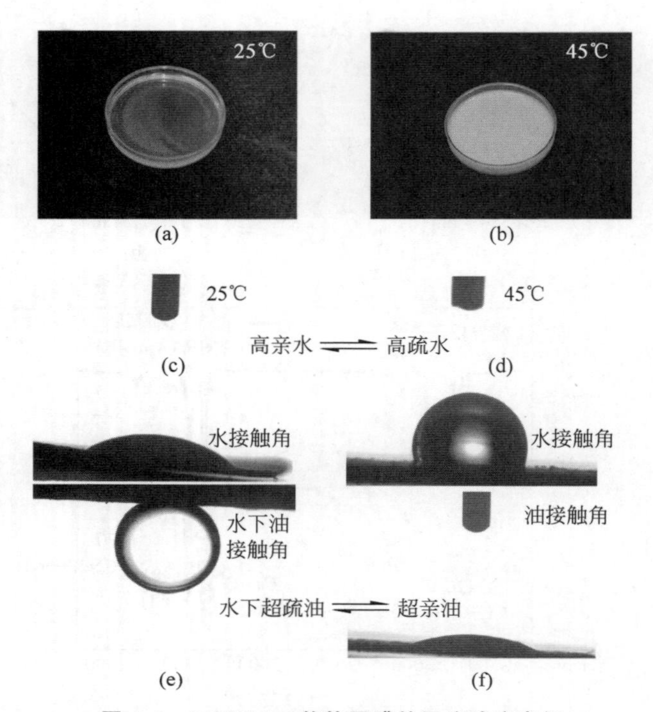

图 4.2　PNIPAAm 修饰网膜的温度响应表征

(a) PNIPAAm 水凝胶在 25℃下的数码照片；(b) PNIPAAm 水凝胶在 45℃下的数码照片；(c) 所制备网膜在 25℃下的水接触角；(d) 所制备网膜在 45℃下的水接触角；(e) PNIPAAm 修饰网膜在 25℃下的水下油接触角；(f) PNIPAAm 修饰网膜在 45℃下的空气中的油接触角

更重要的是，PNIPAAm 修饰的网膜在 25℃下对多种油类均具有良好的水下疏油特性(图 4.3(a))，网膜的水下汽油接触角、水下正己烷接触角、水下甲苯接触角和水下润滑油接触角均在 150°以上，这种特性为多种水包油乳液的分离奠定了基础。此外，还系统研究了 PNIPAAm 网膜的浸润性随温度的变化，如图 4.3(b)所示，随着温度的不断升高，水接触角也不断升高，当温度从 30℃升高至 35℃时，水接触角从 40°左右迅速上升至 80°左右，增长十分明显，证明了聚合物的最低共溶温度在 30～35℃；当温度升高至 45℃时，水接触角达到了 120°左右。更重要的是，PNIPAAm 网膜的这种热响应浸润性转变是可逆的，且可以重复使用多次，具有良好的循环使用性能(图 4.3(c))。

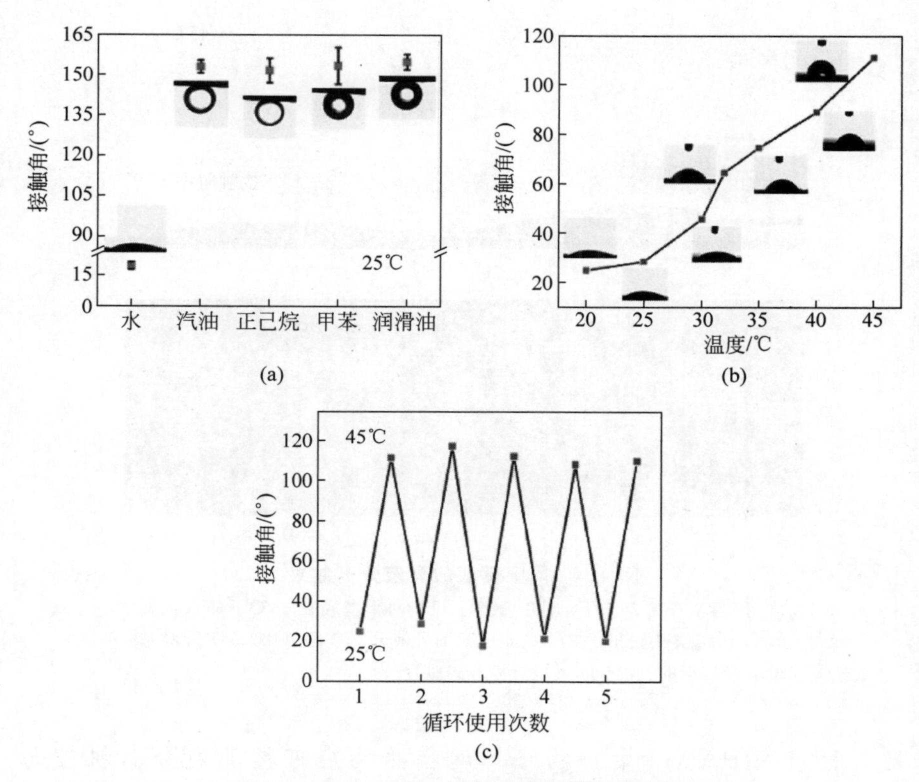

图 4.3　PNIPAAm 修饰网膜的浸润性表征

(a) PNIPAAm 网膜在 25℃下对各类油的水下油接触角；(b) 所制备网膜在不同温度下的空气中水接触角；(c) 所制备网膜在不同温度下的热响应浸润性循环实验

4.3.3　微孔网膜基底热响应乳液分离对比实验

在测定所修饰网膜的响应性乳液分离前，有必要探究尼龙微孔网膜基底是否也具备浸润性转变的能力。图 4.4 为其分别在 25℃和 45℃下的水接触角及乳液分离效果图，从中可以看出，网膜基底并不具备热响应性能，水接触角小于 10°，不会随温度发生改变，并且也不具备乳液分离的能力，无法有效分离水包油乳液和油包水乳液。

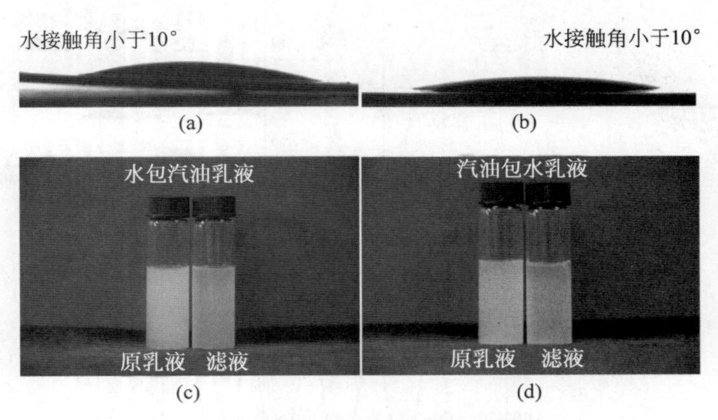

图 4.4　网膜基底的乳液分离效果

(a) 网膜基底在 25℃下的水接触角；(b) 网膜基底在 45℃下的水接触角；(c) 网膜基底在 25℃下的水包汽油乳液分离数码照片；(d) 网膜基底在 45℃下的汽油包水乳液分离数码照片

4.3.4　PNIPAAm 聚合物修饰网膜热响应可控乳液分离机理与效果的研究

PNIPAAm 聚合物修饰的网膜之所以可以进行热响应乳液分离，其机理可以通过三个因素来解释：聚合物本身的特殊浸润性(其根本原因是在不同温度下形成的不同氢键)[145-148]、材料表面的粗糙结构和微米级别的孔径。粗糙的表面结构可以放大网膜表面的浸润性，而微米级别的小孔径则确保网膜在乳液分离过程中有效阻隔分散相小液滴。图 4.5 进一步解释了网膜的热响应浸润性转变与可控乳液分离机理，当温度低于 PNIPAAm 聚合物的最低临界共溶温度时，分子内部焓的贡献大于熵的贡献，这种情况下，分子中的 N—H 键与 C═O 键更容易与水分子形成分子间氢键，导致整个分子链呈现舒展状态，网膜表现出高亲水/水下超疏油的特殊浸润性。当稳定的水包油乳液通过网膜时，水相会迅速通过网膜并形成一层水膜，分散相油滴会被阻隔在网膜表面，从而收集到高纯度的水相，实现水包油乳液的分离。而当温度升高到 PNIPAAm 分子的最低临界共溶温度之上时，分子内部熵的贡献则会大于焓的贡献，分子中的 N—H 键与 C ═O 键更容易形成分子内氢键，从而导致整个分子链呈现收缩的状态，疏水性增强，网膜的浸润性发生反转，表现为疏水/亲油的特殊浸润性。当稳定的油包水乳液通过网膜时，油相会迅速通过网膜，分散在油相中的水会被阻隔在网膜表面，因此可以收集到纯净的油相，实现油包水乳液的分离。

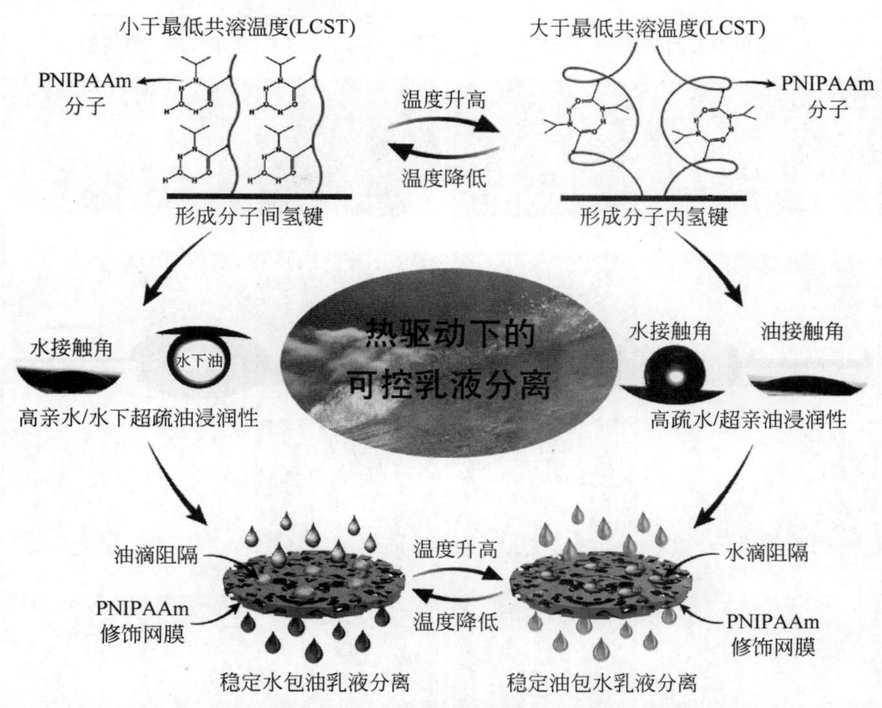

图 4.5　PNIPAAm 修饰网膜的热响应浸润性转变与可控乳液分离机理

在分析完机理后，对 PNIPAAm 网膜的可控乳液分离能力进行了详细的测试。图 4.6(a)～(d)分别为 PNIPAAm 网膜在 25℃下对四种非离子型水包油乳液(Tween 20 为表面活性剂)的分离效果图。在水包油乳液的分离过程中，制备的网膜被固定在抽滤装置中，整个过程在 0.1 MPa 的条件下抽滤完成。在分离前，四种非离子型水包油乳液均为不透明的乳白色液体，许多微米级别的小油滴均匀分散在水相中，通过简单的抽滤分离后，收集到的滤液变得澄清透明，从显微镜图中也观察不到滤液中油滴的存在，证明网膜在常温下具有对水包油乳液进行分离的能力。当升高温度并保持在 45℃ 下时，PNIPAAm 网膜便可以进行稳定油包水乳液的分离

(图 4.6(e)～(h)),分别测试了网膜对汽油包水乳液、正己烷包水乳液、甲苯包水乳液和润滑油包水乳液的分离效果(以 Span 80 为表面活性剂),与水包油乳液的分离效果类似,分离后,溶液均从浑浊的乳液变为了透明纯净的油相,并且滤液中无分散相水滴的存在。以上结果证明了本章制备的网膜可以实现温度响应下的可控乳液分离。

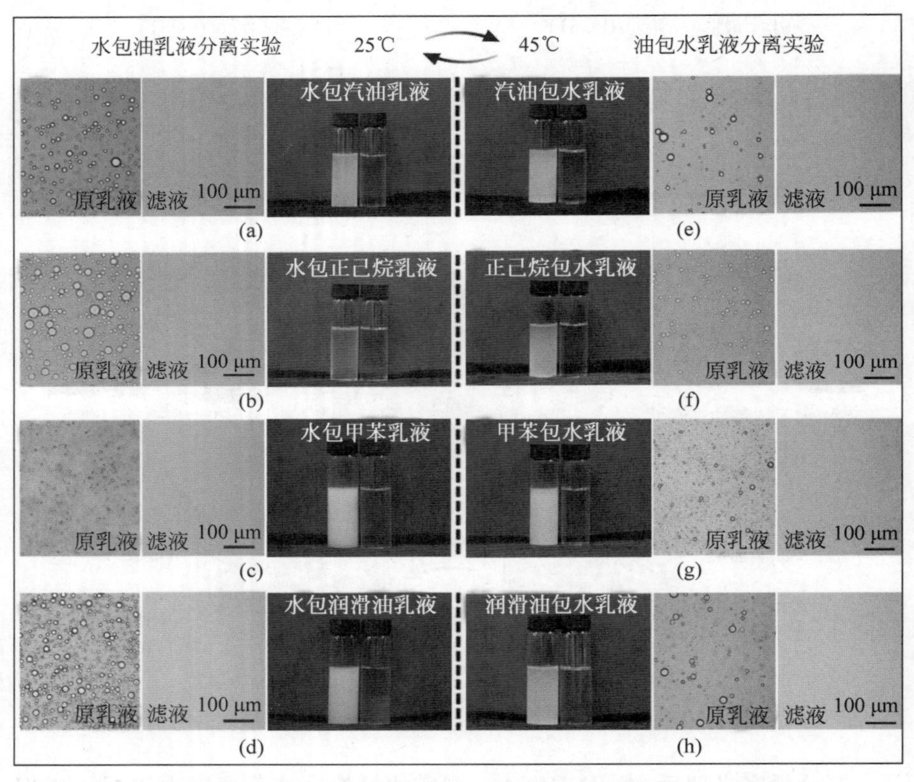

图 4.6 PNIPAAm 修饰网膜的可控乳液分离效果(见文前彩图)

(a) 25℃下水包汽油乳液的分离效果;(b) 25℃下水包正己烷乳液的分离效果;(c) 25℃下水包甲苯乳液的分离效果;(d) 25℃下水包润滑油乳液的分离效果;(e) 45℃下汽油包水乳液的分离效果;(f) 45℃下正己烷包水乳液的分离效果;(g) 45℃下甲苯包水乳液的分离效果;(h) 45℃下润滑油包水乳液的分离效果

在 PNIPAAm 修饰网膜的常温水包油乳液分离实验中,不仅测试了 Tween 20 作为表面活性剂的非离子型水包油乳液分离,还测试了网膜对以 CTAB 为表面活性剂的阳离子型水包油乳液和以 SDS 为表面活性剂的阴离子型水包油乳液的分离效果。如图 4.7 和图 4.8 所示,分离后,以上两种溶液均能够成功破乳,并收集到透明的水相,进一步证明了 PNIPAAm 修饰网膜在乳液分离方面的普适性。

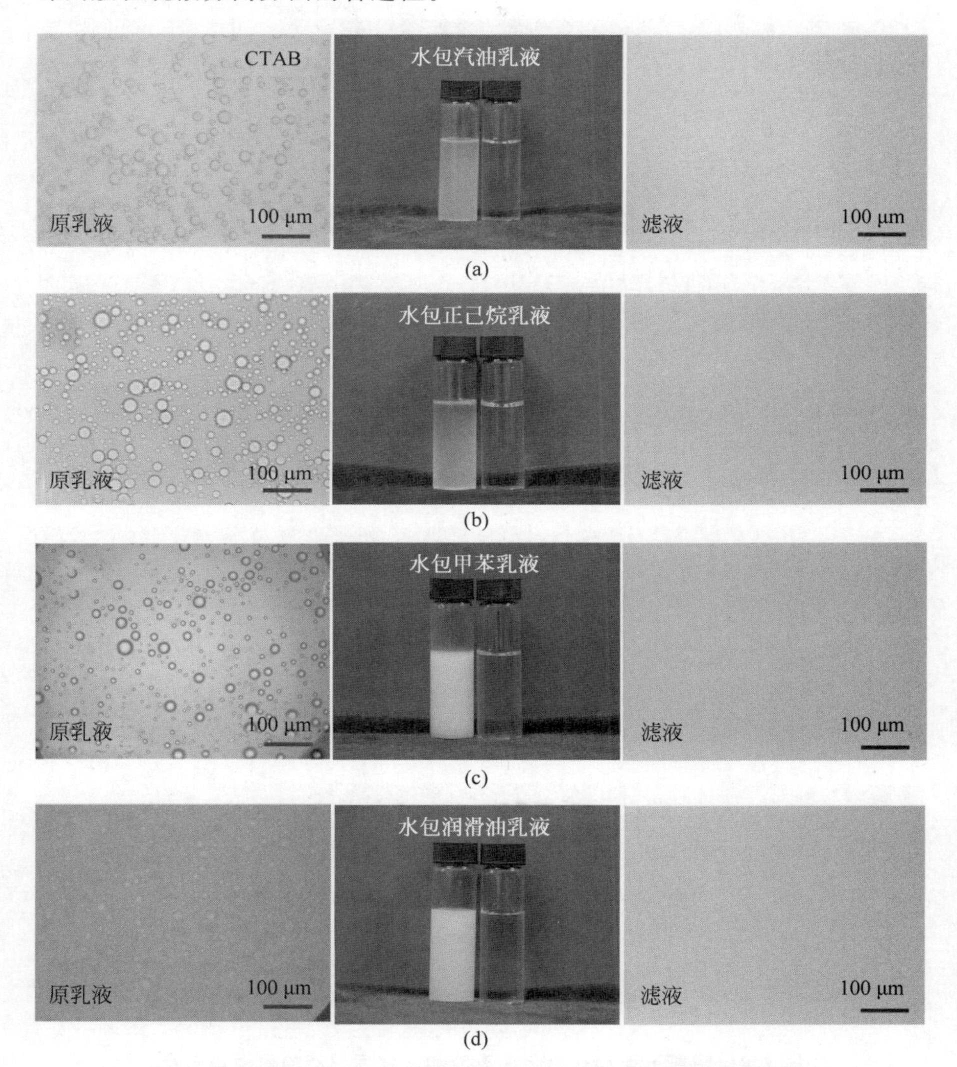

图 4.7　阳离子型 CTAB 水包油乳液和分离后滤液的显微镜图及乳液分离前后的数码照片

(a) CTAB 水包汽油乳液; (b) CTAB 水包正己烷乳液; (c) CTAB 水包甲苯乳液;
(d) CTAB 水包润滑油乳液

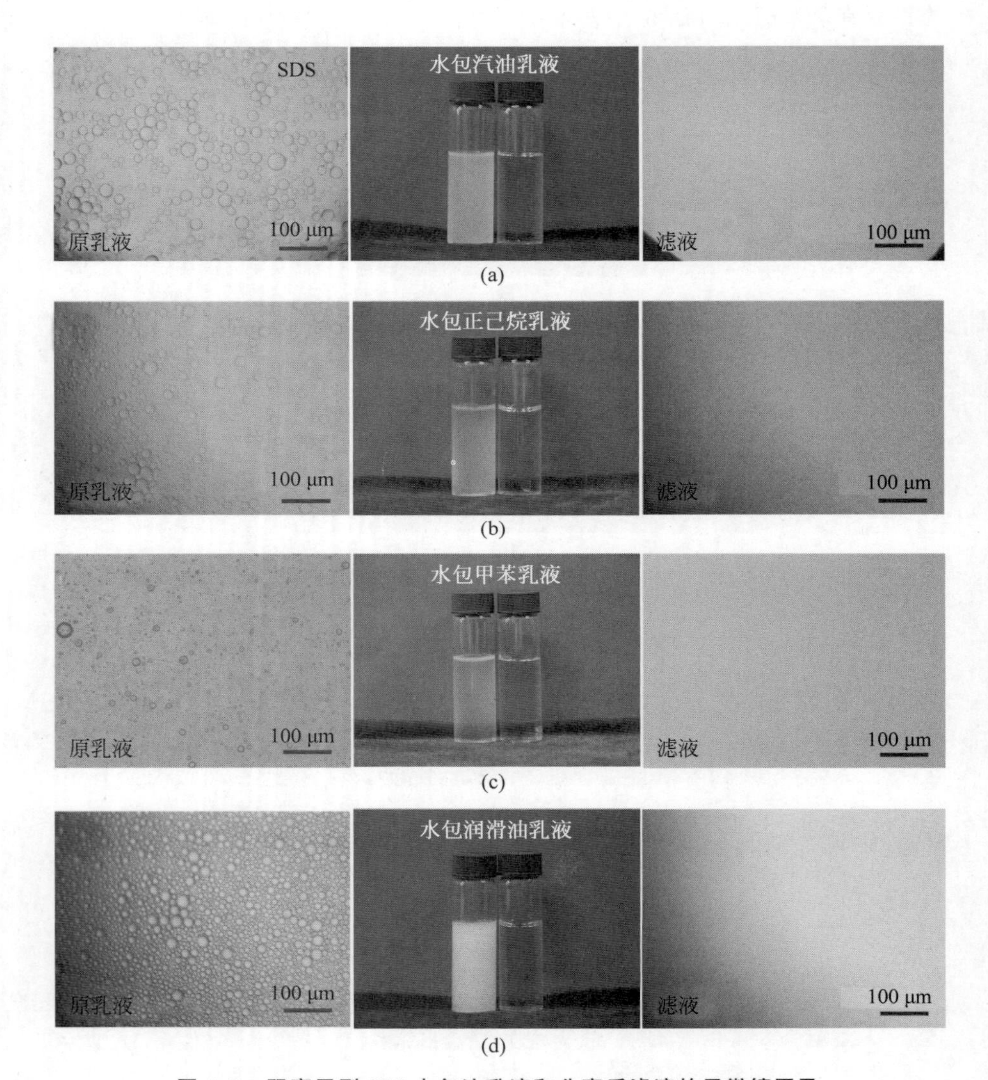

图 4.8　阴离子型 SDS 水包油乳液和分离后滤液的显微镜图及乳液分离前后的数码照片

(a) SDS 水包汽油乳液；(b) SDS 水包正己烷乳液；(c) SDS 水包甲苯乳液；(d) SDS 水包润滑油乳液

4.3.5　水包油及油包水乳液粒径分布的研究

本节共配制了 16 种水包油或油包水乳液,有必要表征每种乳液的具体粒径分布以进一步佐证网膜乳液分离的机理。在粒径分布的测试中,对于每种乳液,测定了其中 80～450 个分散相液滴的粒径,并计算出平均粒径。如图 4.9 所示,所有乳液的平均粒径均小于 15 μm,通过对比两类乳液的粒径可以看出,油包水乳液的粒径小于水包油乳液的粒径,甲苯包水乳液的平均粒径只有 3.99 μm,说明油包水乳液的分离难度更大一些。由于所制备网膜的孔径在 0.45 μm 以下,小于乳液的粒径,因此可以实现稳定乳液的分离。

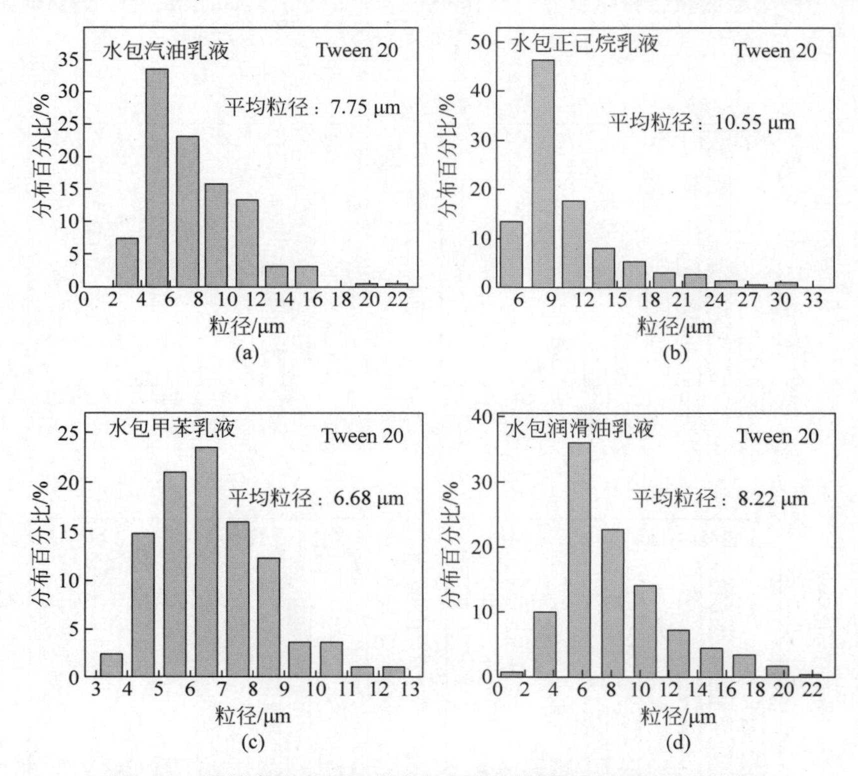

图 4.9　不同类型水包油或油包水乳液的粒径分布及平均粒径

(a) 非离子型 Tween 20 水包汽油乳液；(b) 非离子型 Tween 20 水包正己烷乳液；(c) 非离子型 Tween 20 水包甲苯乳液；(d) 非离子型 Tween 20 水包润滑油乳液；(e) 阳离子型 CTAB 水包汽油乳液；(f) 阳离子型 CTAB 水包正己烷乳液；(g) 阳离子型 CTAB 水包甲苯乳液；(h) 阳离子型 CTAB 水包润滑油乳液；(i) 阴离子型 SDS 水包汽油乳液；(j) 阴离子型 SDS 水包正己烷乳液；(k) 阴离子型 SDS 水包甲苯乳液；(l) 阴离子型 SDS 水包润滑油乳液；(m) Span 80 汽油包水乳液；(n) Span 80 正己烷包水乳液；(o) Span 80 甲苯包水乳液；(p) Span 80 润滑油包水乳液

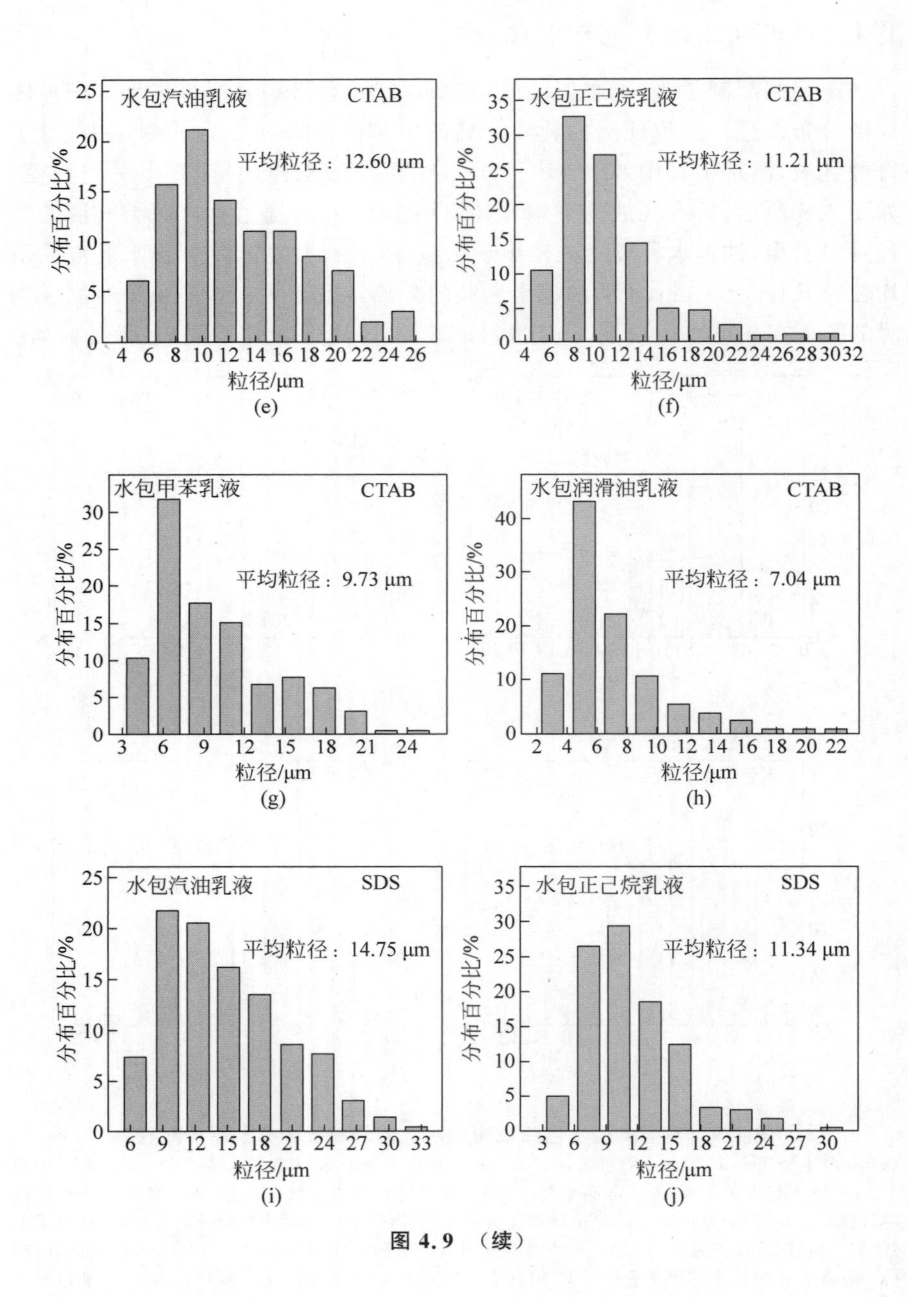
水包汽油乳液
CTAB
平均粒径：12.60 μm
分布百分比/%
粒径/μm
(e)
水包正己烷乳液
CTAB
平均粒径：11.21 μm
分布百分比/%
粒径/μm
(f)
水包甲苯乳液
CTAB
平均粒径：9.73 μm
分布百分比/%
粒径/μm
(g)
水包润滑油乳液
CTAB
平均粒径：7.04 μm
分布百分比/%
粒径/μm
(h)
水包汽油乳液
SDS
平均粒径：14.75 μm
分布百分比/%
粒径/μm
(i)
水包正己烷乳液
SDS
平均粒径：11.34 μm
分布百分比/%
粒径/μm
(j)

图 4.9 （续）

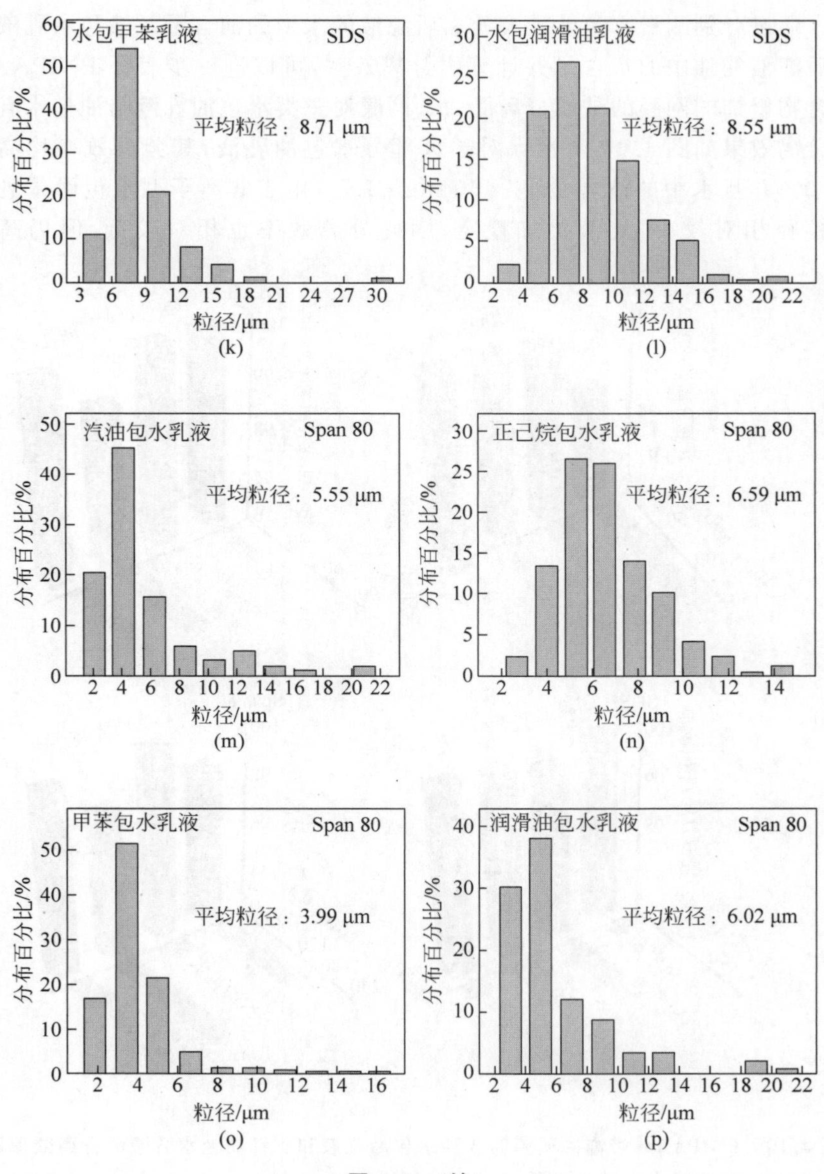
水包甲苯乳液
SDS
平均粒径：8.71 μm
分布百分比/%
粒径/μm
(k)
水包润滑油乳液
SDS
平均粒径：8.55 μm
分布百分比/%
粒径/μm
(l)
汽油包水乳液
Span 80
平均粒径：5.55 μm
分布百分比/%
粒径/μm
(m)
正己烷包水乳液
Span 80
平均粒径：6.59 μm
分布百分比/%
粒径/μm
(n)
甲苯包水乳液
Span 80
平均粒径：3.99 μm
分布百分比/%
粒径/μm
(o)
润滑油包水乳液
Span 80
平均粒径：6.02 μm
分布百分比/%
粒径/μm
(p)

图 4.9　（续）

4.3.6　PNIPAAm 聚合物修饰网膜乳液分离效率及通量的研究

通过分别测量水包油乳液分离后滤液的水中的油含量及油包水乳液分离后滤液的油中的水含量并计算出分离效率,可以进一步表征 PNIPAAm 聚合物修饰的网膜的乳液分离能力。网膜对三类水包油乳液与油包水乳液的分离效果如图 4.10 所示。对于大部分水包油乳液,其分离效率均高于 99.0%并且水中的油含量小于 60 mg・L^{-1},由于非离子型水包甲苯乳液的粒径相对较小,乳液更加稳定,因此分离效率也相对较低,但仍高于

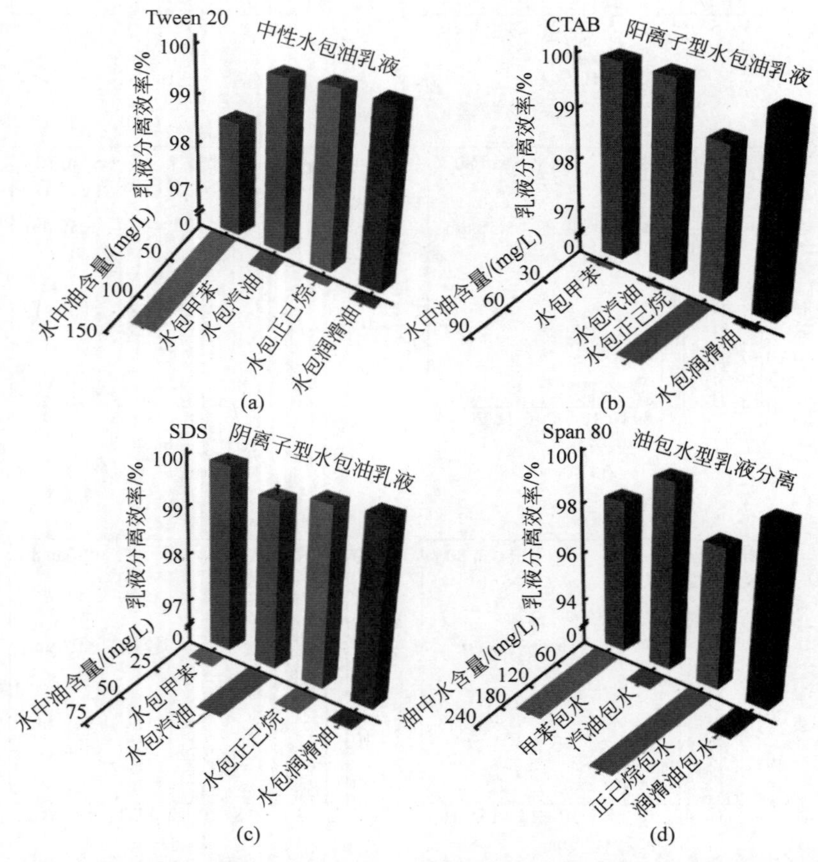

图 4.10　PNIPAAm 修饰的网膜对 3 种水包油乳液和 1 种油包水乳液的分离效率及分离后水中的油含量

(a) Tween 20 水包油乳液;(b) CTAB 水包油乳液;(c) SDS 水包油乳液;(d) Span 80 油包水乳液的分离效率及分离后油中的水含量

98%。对于四种油包水乳液，其分离效率均高于 97.8%，网膜对汽油包水乳液和润滑油包水乳液的分离效率甚至达到了 99.0%。以上数据充分说明了 PNIPAAm 修饰网膜不仅能够实现可控乳液分离，还具有优异的乳液分离能力。

接下来，对所制备网膜的循环使用性能进行了测试（图 4.11），水包润滑油乳液和润滑油包水乳液被选为测试乳液样品。在测试过程中，控制温度在 25～45℃之间来回变化，并在相应的温度下测试网膜的乳液分离效率。结果表明，PNIPAAm 修饰网膜在循环使用 10 次后，其水包油乳液分离效率依旧保持在 99.0%以上，油包水乳液的分离效率也维持在 98.0%以上，从而证明了所制备网膜具有很好的稳定性和循环使用能力。

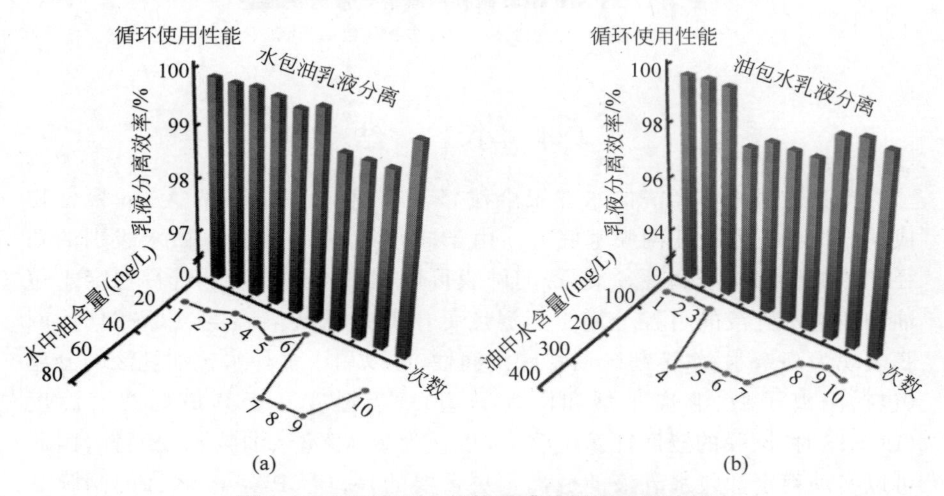

图 4.11　PNIPAAm 修饰网膜的循环使用性能

（a）PNIPAAm 修饰的网膜对水包油乳液的循环使用性能测试；
（b）PNIPAAm 修饰的网膜对油包水乳液的循环使用性能测试

乳液分离通量是膜分离材料的一项重要性能指标，本节对所用网膜的水包油乳液分离通量和油包水乳液分离通量分别进行了测试（图 4.12），从图中可以看出，PNIPAAm 修饰网膜的通量均在 500 L/(m^2·h)以上，对于水包正己烷和水包甲苯乳液，其分离通量甚至高于 1500 L/(m^2·h)，对于正己烷包水和甲苯包水乳液，分离通量也达到了 900 L/(m^2·h)。由于汽油和润滑油的黏度相对较高，网膜对这两类油样组成的水包油乳液和油包水乳液的分离通量相对较低。考虑到本节所用乳液均含有表面活性剂，能够稳定存在几天，因此网膜的乳液分离通量是可以接受的。

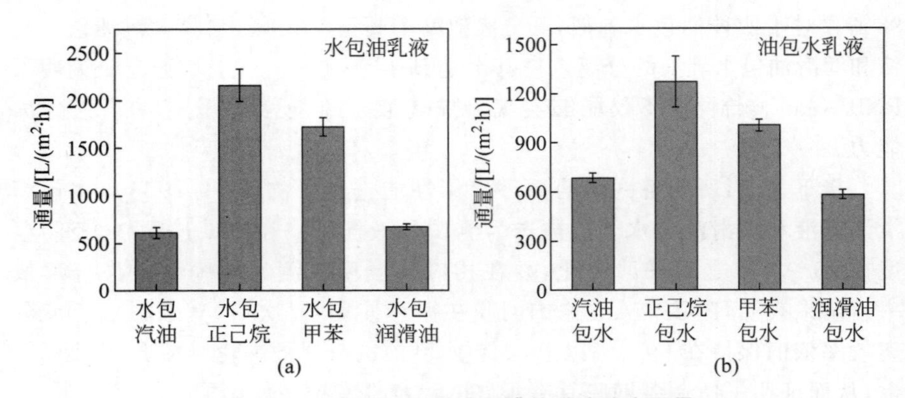

图 4.12 PNIPAAm 微孔网膜的乳液分离通量

(a) 多种水包油乳液；(b) 多种油包水乳液

4.4 小 结

本章通过简单经济的水热聚合法将具有热响应的 PNIPAAm 聚合物成功修饰在尼龙微孔网膜基底上。由于同时具备粗糙结构、微米级别的孔径和热响应特殊浸润性，所制备的网膜可以在不同的温度下进行稳定水包油和油包水乳液的可控分离。当温度低于其最低共溶温度(LCST)时，网膜表现为高亲水/水下超疏油特殊浸润性，可以用于多种水包油乳液的分离(包括阳离子型、非离子型和阴离子型)。当温度高于其最低共溶温度(LCST)时，网膜的浸润性发生改变，表现为疏水/超亲油特殊浸润性，因此可以实现稳定油包水乳液的分离。更重要的是，PNIPAAm 修饰的网膜具有优异的循环使用性能和乳液分离能力，在废水处理、油泄漏事故处理、燃油净化和远程乳液分离控制单元等领域具有良好的应用前景。

第5章 超疏水-超亲水 Janus 网膜用于符合工业排放标准的可控乳液分离的研究

5.1 引 论

近几年,具有特殊浸润性的过滤型材料在处理油泄漏事故及油污染事故中的稳定乳液方面已经得到了大量的关注,并取得了一定的进展。但是研究至今,这类材料还存在一些问题亟待解决。第一个问题是材料的多功能性,即一种材料实现多种乳液的分离;第二个问题则是分离的效率问题,通过特殊浸润性材料的分离后,所得到水相中的油浓度是否达到了工业级的排放标准,而所得到油相中的水浓度又是否达到了工业级的纯度标准,这一问题在之前的工作中很少有人提及。

智能响应型油水分离材料的出现打破了阻水型和阻油型特殊浸润性材料之间的壁垒,通过施加外界刺激,促使浸润性转变,可以使两种具有不同浸润性的材料结合在一起,从而用于不互溶油水混合物或油包水-水包油乳液的可控分离。除了需要外界刺激来实现可控油水分离的材料外,一类具有两面性(Janus)的油水分离材料也逐渐进入了人们的视野。通过合适的构筑方法,赋予这类材料上下表面不同的浸润性,便可以在不施加外界刺激的条件下同样实现可控油水分离。研究至今,诸多 Janus 网膜已经被成功制备出来,并得到了一些应用。但是,Janus 材料在可控乳液分离及分离效率是否符合工业标准这两个问题上依旧没有突破。

为了同时解决以上两个问题,进一步推动特殊浸润性材料在油水分离领域的发展,本章选用聚四氟乙烯微孔网膜作为基底,通过一种简单有效的浸渍-喷涂两步法,成功制备出聚苯胺-疏水二氧化硅纳米颗粒(PANI-SiNPs)修饰的两面性 Janus 网膜。所制备的 Janus 网膜同时具备粗糙的两面结构、微米级别的小孔和上下表面不同的特殊浸润性,可以同时实现稳定水包油乳液和油包水乳液的分离。如图 5.1 所示，聚苯胺(PANI)修饰面和二氧化硅纳米颗粒(SiNPs)修饰面类似于中国太极中的阴面和阳面，具有不同的特性却又相互补充。PANI 修饰面表现出超亲水/水下超疏油特殊浸润性，当此面在分离过程中朝上时，可以实现多种水包油乳液的分离(包括非离子型、阴离子型、阳离子型水包油乳液，酸性和碱性下的水包油乳液，甚至是稳定的海水包原油乳液)。SiNPs 修饰面则表现出超疏水/超亲油特殊浸润性，所以当此面朝上时，可以实现稳定油包水乳液的分离。更重要的是，本章的 Janus 网膜的乳液分离效率极高，对于水包油乳液，网膜分离后水中的油含量均小于 30 $mg \cdot L^{-1}$ 并且分离效率大于 99.7%，达到了中华人民共和国国家质量监督检验检疫总局 GB 4914—2008(AQSIQ，GB 4914—2008)文件中规定的排放标准；而对于油包水乳液分离，网膜分离后油中的水含量与相应油样中的水含量并没有太大的差别，水含量远低于 0.03%(体积含量)，符合工业上的纯度要求。此外，所制备的 Janus 网膜同时具备优异的循环使用性能。本章将 Janus 两面性材料用于油水乳液的分离中，拓宽了该类材料的应用范围，同时高效的乳液分离能力也推动了其在油水分离领域的发展。

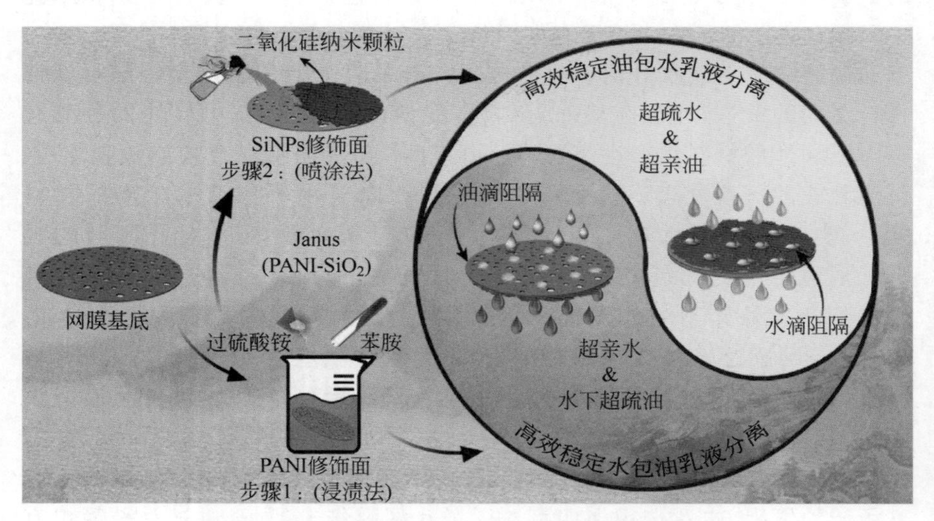

图 5.1　超疏水-超亲水 Janus 网膜的制备过程及其预期实现的可控乳液分离效果

5.2 实验部分

5.2.1 原料与试剂

本章研究中用到的主要原料与试剂见表5.1。

表5.1 本章研究中用到的原料与试剂

原料与试剂	规格与说明	生产厂家
二氧化硅纳米颗粒	分析纯	上海阿拉丁科技股份有限公司
全氟辛基三氯硅烷	分析纯	百灵威科技有限公司
过硫酸铵	分析纯	国药化学试剂有限公司
对甲苯磺酸	分析纯	国药化学试剂有限公司
苯胺	聚合单体,分析纯	国药化学试剂有限公司
吐温 20	化学纯	国药化学试剂有限公司
司盘 80	化学纯	国药化学试剂有限公司
十六烷基三甲基溴化铵	化学纯	国药化学试剂有限公司
十二烷基硫酸钠	化学纯	国药化学试剂有限公司
汽油	标号 95#	中国石化加油站
正己烷	分析纯	北京化工厂
润滑油	型号 SJ 10W-40	中化石油化工股份有限公司
甲苯	分析纯	北京化工厂
四氯化碳	纯度≥99.5%	天津傲然精细化工研究所
聚四氟乙烯网膜	孔径为 0.45 μm	海盐新东方塑化科技有限公司

5.2.2 仪器与设备

本章研究中用到的仪器与设备见表5.2。

表5.2 本章研究中用到的仪器与设备

仪器与设备	型　号	生产厂家
扫描电子显微镜	SU-8010	日本日立公司
静态接触角仪	OCA-20	德国 Data-physics 公司
光学显微镜	ECLIPSE LV 100POL	尼康公司
傅里叶变换红外光谱分析仪	VERTEX 70	布鲁克公司
红外分光测油仪	Oil 480	华夏科创仪器股份有限公司
库仑卡尔费休水分仪	KF Coulometric 71000	英国 GR Scientific 公司

5.2.3 Janus 网膜 PANI 修饰面的制备

聚苯胺(PANI)修饰面是通过浸渍聚合的方法制备的。首先,将一定质量的苯胺单体溶解在 60 mL 浓度为 1 mol · L^{-1} 的盐酸溶液中,在搅拌的过程中加入 0.94 g 对甲苯磺酸和 0.3 g 的引发剂过硫酸铵,待溶解后,立刻将孔径为 0.45 μm 的聚四氟乙烯微孔网膜浸泡在溶液中。整个聚合过程的反应时间为 12 h。最后,将修饰了聚苯胺的网膜清洗烘干,为接下来的喷涂修饰做准备。

5.2.4 Janus 网膜 SiNPs 修饰面的制备

疏水二氧化硅纳米颗粒修饰面是通过一步喷涂的方法制备的。在修饰步骤前,平均粒径约为 15 nm 的亲水二氧化硅纳米颗粒需要先在甲苯溶液中修饰 1H,1H,2H,2H-全氟辛基三氯硅烷,目的是赋予颗粒疏水性能。然后,将 0.2 g 的纳米颗粒溶解在 10 mL 无水乙醇溶液中。最后,将一定量的该溶液均匀喷涂在经过聚苯胺修饰的网膜相对光滑的一面。这样,就制备出了上下表面具有不同特殊浸润性的 Janus 微孔网膜。

5.2.5 稳定水包油乳液与油包水乳液的制备

在稳定水包油乳液的配制上,选用吐温 20(Tween 20)作为表面活性剂。在实验中,选取甲苯、润滑油、正己烷和汽油四种油相作为水包油乳液的分散相,配制了不同类型的水包油乳液。具体的配制过程为:100 mL 的去离子水与 1 mL 的油类充分混合,并加入浓度为 1.5 mg · mL^{-1} 的表面活性剂充分搅拌 24 h。除了非离子型的水包油乳液,还配制了阳离子型水包油乳液和阴离子型水包油乳液。更重要的是,为了证明所制备的网膜对海洋油泄漏事故中所产生乳液的分离能力,本章还配制了海水包油乳液和水包原油乳液。

对于油包水乳液,司盘 80(Span 80)为所对应的表面活性剂。选取同样的四种连续相油类,配制了甲苯包水乳液、汽油包水乳液、正己烷包水乳液和润滑油包水乳液四大类,在浓度为 1.5 mg · mL^{-1} 的表面活性剂下,水和油按照 1∶100 的体积比充分混合,并在室温下充分搅拌 24 h。

5.2.6 水包油乳液与油包水乳液分离实验

利用网膜的聚苯胺亲水面进行稳定水包油乳液的分离，在分离前，Janus 网膜被固定在抽滤装置中，亲水的 PANI 修饰面朝上，疏水面朝下。之后，将不同类型的水包油乳液缓慢倒入抽滤瓶上方，整个分离过程在小于 0.03 MPa 的压强下完成。而对于油包水乳液，疏水的 SiNPs 修饰面可以实现该乳液的高效分离，在分离过程中，将疏水面朝上，亲水面朝下，在小于 0.1 MPa 的压强下，将稳定的油包水乳液倾倒在网膜表面进行分离。

5.2.7 Janus 网膜乳液分离效率的测定

水包油乳液的分离效率是通过红外分光测油仪测定其滤液中水中的油含量来进行表征的。具体的测量方法已在第 4 章中有所说明，在此不再赘述。将测得的水中油含量与相关工业排放标准进行对比，来确定该网膜是否可以实现高效的水包油乳液分离。而对于油包水乳液，将分离后收集到的油相滤液通过库仑卡尔费休水分仪测定其中的水含量，与纯油中的水含量和相关标准进行对比，来进一步表征网膜的乳液分离能力。分离效率的计算方法与第 4 章相同。

5.3 结果与讨论

5.3.1 两面性 Janus 网膜的形貌与结构表征

在两面性 Janus 网膜的制备中，选用孔径为 0.45 μm 的聚四氟乙烯微孔网膜作为修饰基底，需要说明的是，网膜基底的上下表面具有不同的微观形貌，其中的一侧相对粗糙，孔径较大，而另一侧的形貌相对光滑，孔径较小。在制备过程中，首先通过浸渍的方法将 PANI 聚合物修饰到网膜的上下表面，之后将 SiNPs 纳米粒子喷涂在相对光滑的一面，最终制备出上下表面具有不同浸润性的 Janus 网膜。所制备网膜的 PANI 修饰面和 SiNPs 修饰面的表面形貌是通过场发射扫描电子显微镜观察的(图 5.2)。从数码照片中可以看出，与原先白色的网膜基底相比，经过修饰后的 PANI 面变为了深绿色，在响应的扫描电镜图中，也可以看到纤维状的聚合物牢固地修饰在了网线和网孔上，并且表面还存在纳米尺度的乳突，形成了多尺度的粗糙结构。图 5.2(e)和图 5.2(f)是 SiNPs 面的扫描电镜图，在喷涂之后，与 PANI 面的形貌不同，大量的纳米颗粒被密集地修饰在了网膜的表面，使基

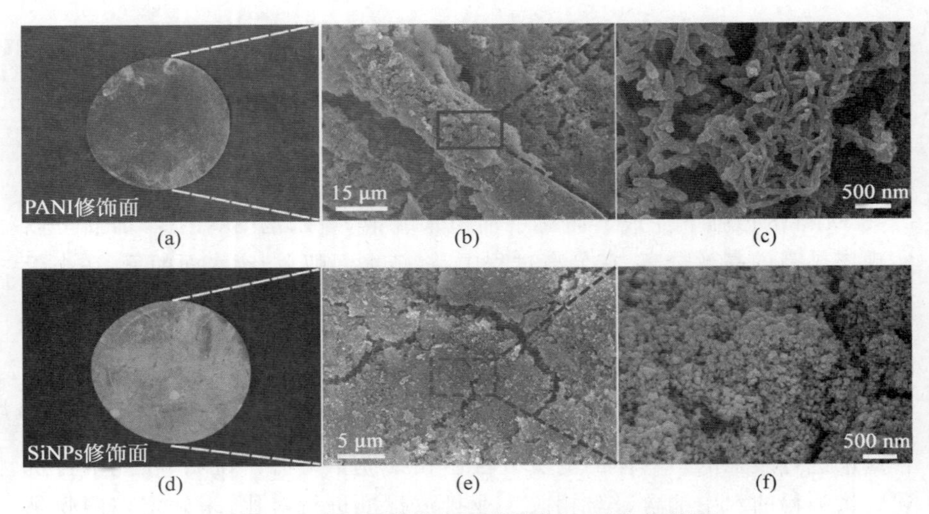

图 5.2　Janus 网膜的表面形貌表征(见文前彩图)

(a) PANI 亲水面的数码照片；(b) 亲水面的扫描电镜图(15 μm)；(c) 亲水面的扫描电镜图(500 nm)；(d) SiNPs 疏水面的数码照片；(e) 疏水面对应的扫描电镜图(5 μm)；(f) 疏水面对应的扫描电镜图(500 nm)

底的孔径有所减小。

分别通过能量色散 X 射线能谱与红外光谱来表征所制备 Janus 网膜的化学结构。图 5.3(a)和图 5.3(b)分别是网膜基底与 PANI 亲水面氮元素的能量色散 X 射线能谱图,可以看到,经过浸渍法聚合后,PANI 面的 N 元素含量相比于基底有了明显的增加。同样地,当喷涂 SiNPs 纳米颗粒到网膜光滑面后,硅元素的含量也明显增加,证明了相应物质已经修饰到了网膜基底上。红外光谱图可以进一步确定网膜两面修饰物的化学组成,如图 5.3(e)所示,与网膜基底的谱图相比,在 PANI 修饰面与 SiNPs 修饰面的谱图中均检测出了新的峰。在 PANI 修饰面的谱图中,1580 cm^{-1} 与 797 cm^{-1} 处的峰对应的是苯环的振动,1474 cm^{-1} 处的峰则对应醌式结构的振动,仲胺(—NH)的弯曲振动对应谱图中 1297 cm^{-1} 处的峰。而在 SiNPs 修饰面的红外谱图中,出现在 799 cm^{-1} 处的峰对应 Si—O 基团的对称伸缩和弯曲振动,Si—O—Si 基团的特征峰则出现在 1093 cm^{-1} 处。此外,由于所用的二氧化硅纳米颗粒首先被 1H,1H,2H,2H-全氟辛基三氯硅烷修饰,也检测到了位于 1145 cm^{-1} 处的 C—F 基团的振动峰。因此,上述表征测试充分证明了聚合物 PANI 和疏水纳米粒子 SiNPs 已经成功修饰在了网膜的上下表面。

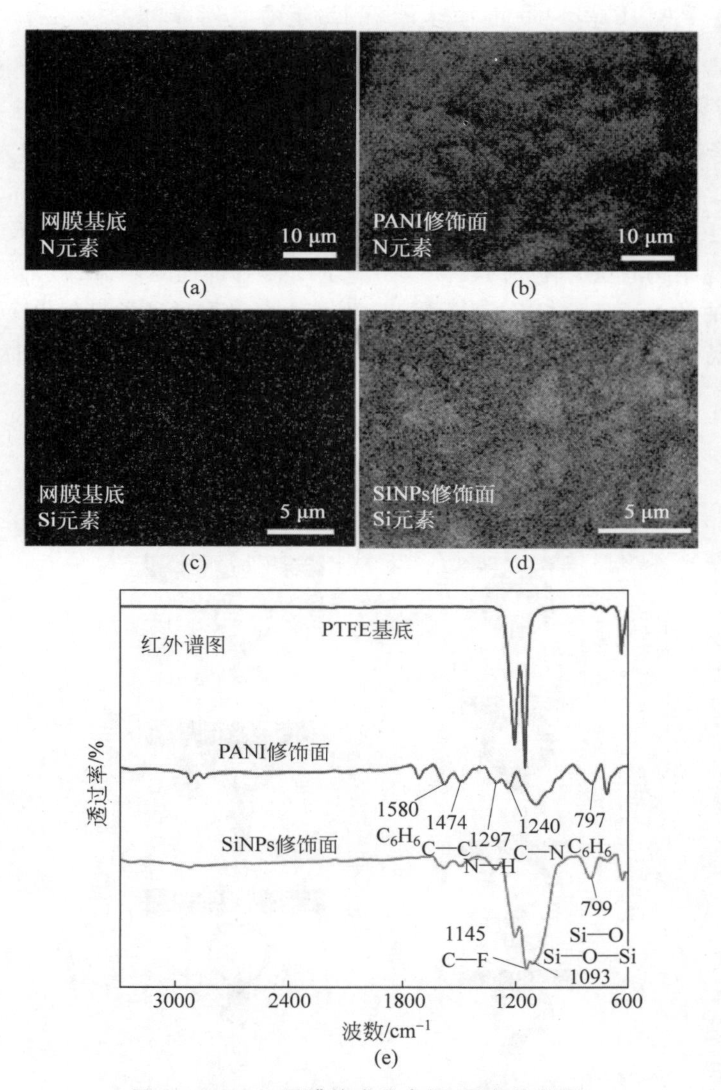

图 5.3　Janus 网膜的成分表征(见文前彩图)

(a) 网膜基底氮元素的能量色散 X 射线能谱图；(b) PANI 亲水面氮元素的能量色散 X 射线能谱图；(c) 网膜基底硅元素的能量色散 X 射线能谱图；(d) SiNPs 疏水面硅元素的能量色散 X 射线能谱图；(e) 网膜基底、亲水面和疏水面的红外光谱图

5.3.2 PANI 亲水面的特殊浸润性研究

本章制备的两面性 Janus 网膜上下表面呈现出截然相反的特殊浸润性,从而为可控水包油及油包水乳液的分离打下基础。首先,系统研究了 PANI 修饰面的特殊浸润性(图 5.4)。与原先疏水的(水接触角约为 118°)聚四氟乙烯网膜相比,修饰聚苯胺后,网膜表面的亲水性明显增加,水接触角小于 10°,表现出了超亲水的浸润性,这与聚合物本身的亲水性及聚合形成的粗糙结构有关。图 5.4(b)～(e)为 PANI 修饰面对甲苯、汽油、正己烷和润滑油的水下油接触角,可以看出,该亲水面对多种油类呈现出了水下超疏油的特殊浸润性,其接触角均大于 150°。除此之外,PANI 修饰面还表现

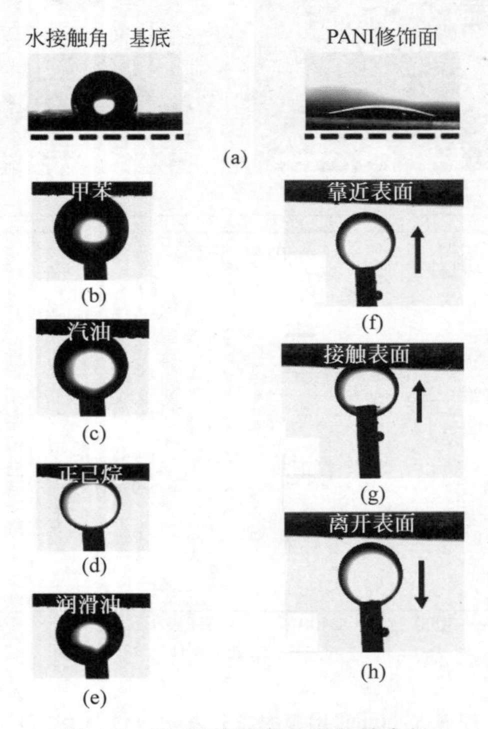

图 5.4 PANI 亲水面的浸润性表征

(a) 网膜基底和 PANI 修饰面的空气中水接触角; (b) PANI 修饰面对甲苯的水下油接触角; (c) PANI 修饰面对汽油的水下油接触角; (d) PANI 修饰面对正己烷的水下油接触角; (e) PANI 修饰面对润滑油的水下油接触角; (f) PANI 修饰面的抗油污及低黏附性能(油滴靠近表面时); (g) PANI 修饰面的抗油污及低黏附性能(油滴接触表面时); (h) PANI 修饰面的抗油污及低黏附性能(油滴离开表面时); (i) PANI 面在酸性、中性及碱性溶液中的水下油接触角

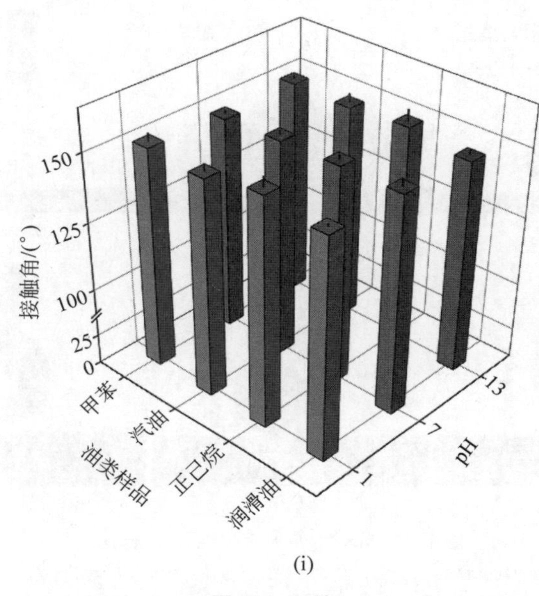

(i)

图 5.4　(续)

出了优异的抗油污及低黏附性能(图 5.4(f)～(h)),网膜在水下环境中完全不会被油滴污染。当将亲水面置于酸性、中性与碱性溶液中时,其依然表现出水下超疏油的特性(图 5.4(i)),证明了 PANI 亲水面具有优异的抗腐蚀性能。

5.3.3　SiNPs 疏水面的特殊浸润性研究

与 PANI 亲水面不同,疏水二氧化硅纳米粒子修饰的 SiNPs 网膜面则表现出了不同的浸润性。在修饰纳米粒子之前,聚四氟乙烯网膜基底光滑面的水接触角约为 132°,经过简单的一步喷涂后,SiNPs 修饰面的水接触角达到了 157°以上,空气中的油接触角则几乎为 0°(图 5.5(a)～(c)),呈现出超疏水/超亲油的特殊浸润性。同时,疏水纳米颗粒形成的粗糙结构赋予了网膜类似于荷叶表面的自清洁及低黏附性能,如图 5.5(d)～(f)所示,在空气中,水滴完全无法浸润网膜,黏附性极低。

进一步测试了 SiNPs 疏水面的抗腐蚀性能(图 5.6),在测试过程中,分别将酸性、中性与碱性溶液高速注射在网膜表面,从图中可以明显看到,此疏水面可以完全阻隔上述各类溶液,喷射过后,表面无任何液滴存在。为了

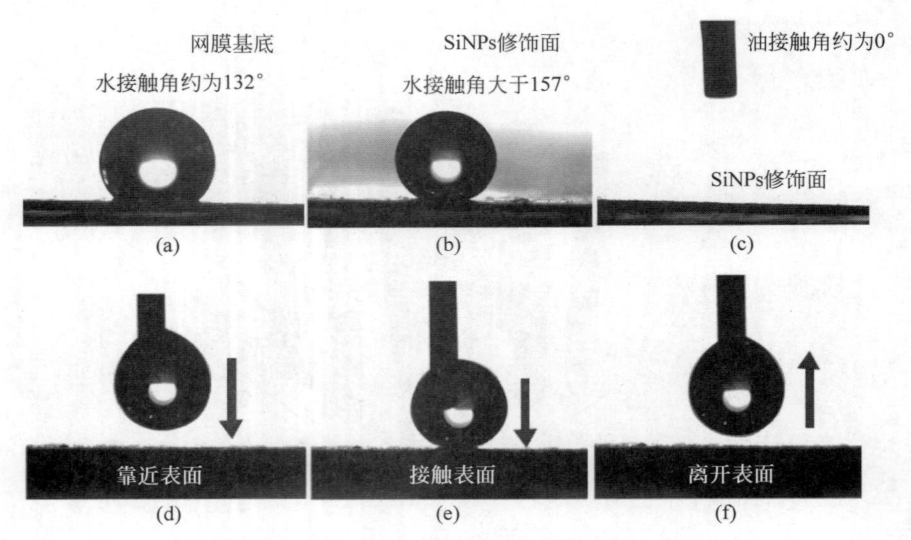

图 5.5 SiNPs 疏水面的浸润性表征

(a) 网膜基底的空气中水接触角；(b) SiNPs 修饰面的空气中水接触角；(c) SiNPs 修饰面的油接触角；(d) 所制备网膜疏水面的自清洁及低黏附性能(水滴靠近表面时)；(e) 所制备网膜疏水面的自清洁及低黏附性能(水滴接触表面时)；(f) 所制备网膜疏水面的自清洁及低黏附性能(水滴离开表面时)

进一步证明网膜的稳定性，测试了 SiNPs 疏水面对 pH 为 0～14 的溶液的特殊浸润性，如图 5.6(d)所示，所有的酸碱液滴在网膜表面均呈现出标准的球形，对应的接触角也几乎都在 150°以上。上述实验充分证明了 SiNPs 疏水面优异的抗酸碱能力。

5.3.4 微孔网膜基底的乳液分离对比实验

在测试 Janus 网膜可控乳液分离前，首先采用聚四氟乙烯网膜基底对水包油乳液与油包水乳液进行了分离测试，并拍摄了相应的显微镜图与数码照片(图 5.7)。如图所示，该网膜基底对水包甲苯乳液与甲苯包水乳液均不能进行有效分离，分离后的滤液依旧浑浊，从显微镜图中也可以看到分布在滤液中的微小油滴和水滴。并且对于水包油乳液的分离，分离后水中的油含量甚至达到了 982 $mg \cdot L^{-1}$，分离效率低于 85%。

5.3.5 PANI 亲水面稳定水包油乳液分离研究

在 Janus 网膜 PANI 亲水面的水包油乳液分离实验中，首先测试了网

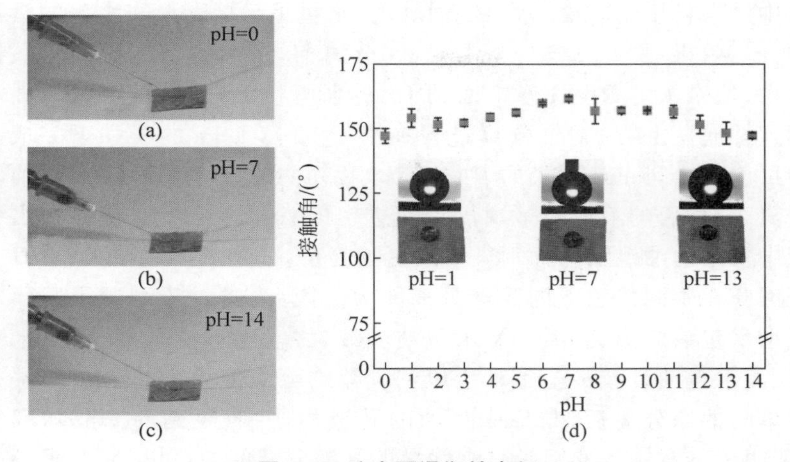

图 5.6　疏水面浸润性表征

(a) SiNPs 修饰面抗腐蚀性能表征(酸性)；(b) SiNPs 修饰面抗腐蚀性能表征(中性)；(c) SiNPs 修饰面抗腐蚀性能表征(碱性)；(d) 疏水面对 pH 为 0～14 溶液的接触角测试

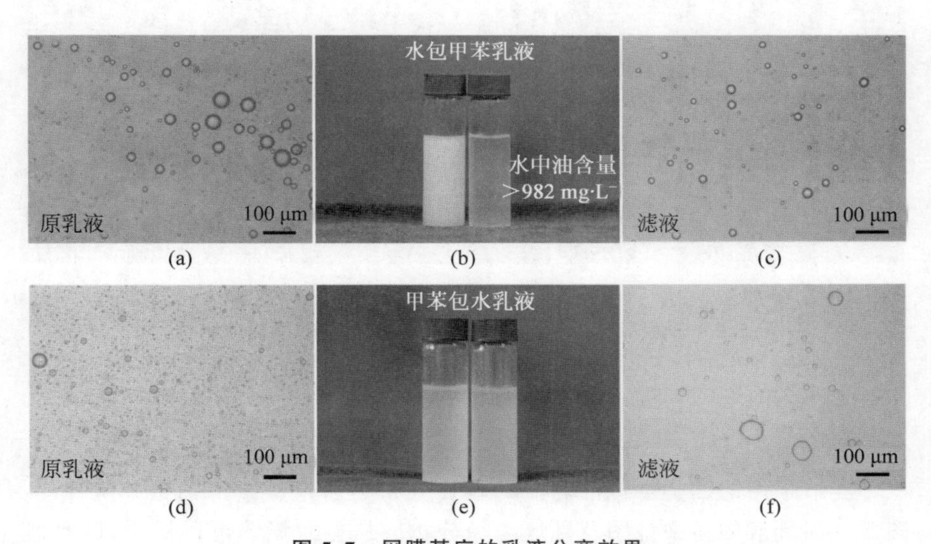

图 5.7　网膜基底的乳液分离效果

(a) 水包甲苯乳液的显微镜图；(b) 聚四氟乙烯网膜基底对水包甲苯乳液分离效果的数码照片；(c) 基底水包甲苯乳液分离后的滤液显微镜图；(d) 甲苯包水乳液的显微镜图；(e) 聚四氟乙烯网膜基底对甲苯包水乳液分离效果的数码照片；(f) 基底甲苯包水乳液分离后的滤液显微镜图

膜对中性水包甲苯乳液、水包汽油乳液、水包正己烷乳液和水包润滑油乳液的分离效果(图 5.8(a)～(d))。在分离前,所制备网膜被固定在抽滤装置中,使亲水的 PANI 修饰面朝上,疏水面朝下,之后将水包油乳液缓慢倒入抽滤瓶上方,整个分离过程在小于 0.03 MPa 的压强下完成。从图中可以看出,Janus 网膜的 PANI 亲水面可以实现上述稳定水包油乳液的分离,分离后的溶液均呈现出澄清透明的状态。由于在实际油水分离领域中发生的油泄漏与油污染事故更加复杂,处理难度也更大,所以需要验证网膜在不同状态下的乳液分离能力。因此,进一步测试了网膜对阳离子型水包油乳液、阴离子型水包油乳液、酸性水包油乳液、碱性水包油乳液、海水包油乳液甚至是水包原油乳液的分离能力(图 5.8(e)～(j)),在简单的抽滤分离后,与原先浑浊的乳液相比,收集到的滤液均澄清透明,证明了本章制备的网膜具有优异的乳液分离能力,可以应对多种类型的水包油乳液。

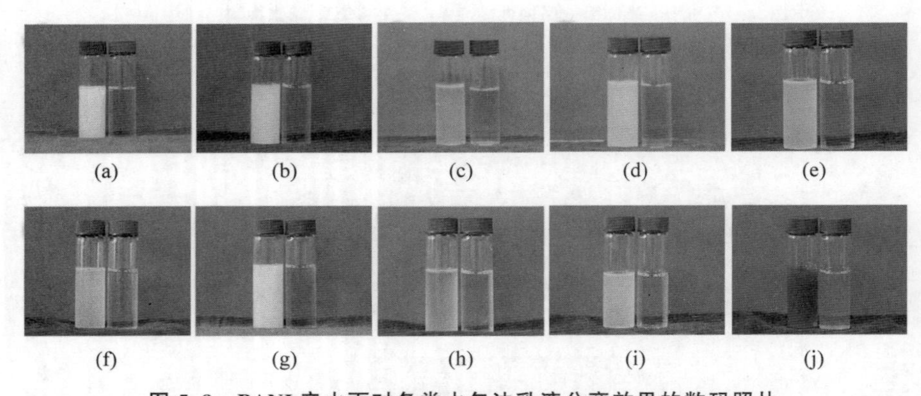

图 5.8　PANI 亲水面对各类水包油乳液分离效果的数码照片

(a) 水包甲苯乳液；(b) 水包汽油乳液；(c) 水包正己烷乳液；(d) 水包润滑油乳液；(e) CTAB 水包甲苯乳液；(f) SDS 水包甲苯乳液；(g) pH 为 1 的酸性水包油乳液；(h) pH 为 13 的碱性水包油乳液；(i) 海水包甲苯乳液；(j) 水包原油乳液

本节采用的四类水包油乳液的粒径分布是通过显微镜拍摄并统计的,图 5.9 为乳液的显微镜图及乳液粒径分析。从显微镜图可以看出,四种乳液中的微小油滴都十分均匀地分布在水连续相中,水包甲苯乳液、水包汽油乳液、水包正己烷乳液和水包润滑油乳液的平均粒径分别为 9.39 μm,9.01 μm,7.98 μm 和 8.98 μm。由于所选用的聚四氟乙烯网膜基底的平均孔径为 0.45 μm,进行 PANI 修饰后,纤维状的聚苯胺聚合物致密地包覆

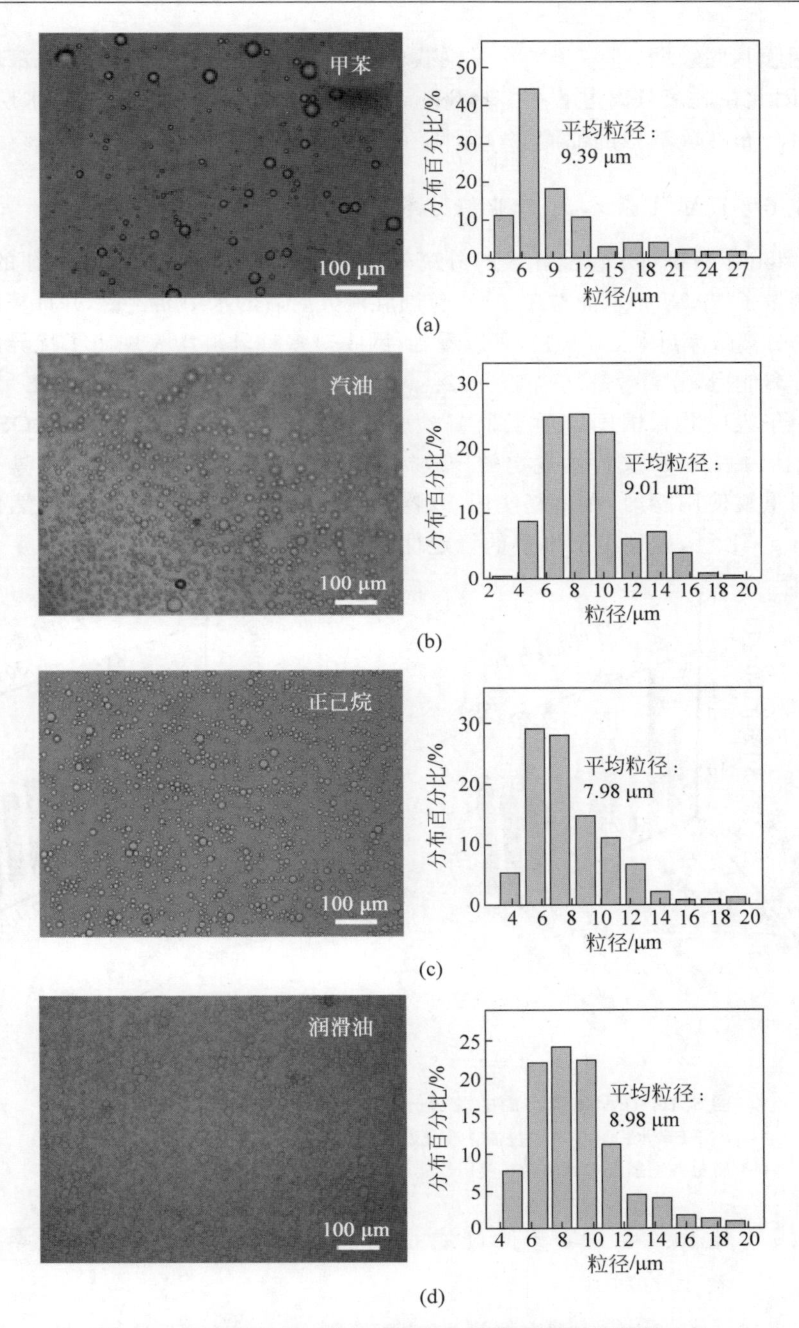

图 5.9　配制的各类水包油乳液的显微镜图及乳液粒径分析

(a) 水包甲苯乳液；(b) 水包汽油乳液；(c) 水包正己烷乳液；(d) 水包润滑油乳液

在网膜基底表面，进一步减小了网膜的孔径，使其远远小于水包油乳液的粒径，因此在乳液分离过程中，PANI 亲水面会通过水相并形成一层水层，从而将分布在乳液中的油滴完全阻隔在外，实现高效的水包油乳液分离。

5.3.6　PANI 亲水面工业级水包油乳液分离效率的研究

Janus 网膜对水包油乳液的分离效率是通过红外分光测油仪表征的，本节测量了 PANI 亲水面对 10 种水包油乳液分离后的水中油含量，并计算出相应的分离效率(图 5.10(a))，可以看到，网膜对多种乳液均表现出了优异的乳液分离能力，分离效率均高于 99.7%，水中油的含量均低于 30 mg · L^{-1}，符合中华人民共和国国家质量监督检验检疫总局 GB 4914—2008(AQSIQ, GB 4914—2008)文件中规定的排放标准。更重要的是，该网膜同时具有良好的重复使用能力，在重复使用 10 次后，其滤液中的水中油含量仍然低于 30 mg · L^{-1}，表现出了出色的稳定性(图 5.10(b))。

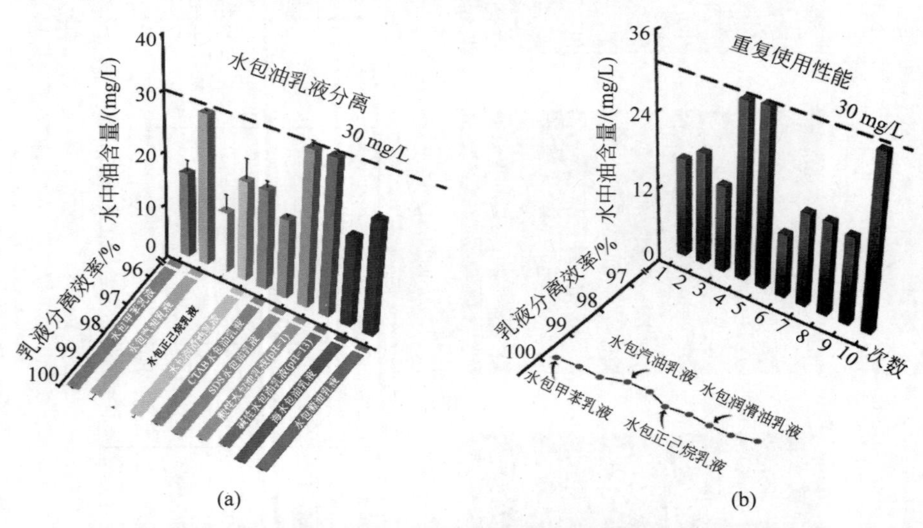

图 5.10　PANI 亲水面的乳液分离与循环使用性能(见文前彩图)

(a) PANI 亲水面对多种水包油乳液分离后的水中油含量及相应的乳液分离效率；(b) 所制备网膜亲水面的循环使用性能(连续分离 10 次水包油乳液的分离效率)

5.3.7　Janus 网膜与其他过滤型网膜在水包油乳液分离效率、通量上的对比

为了证明本章制备的 Janus 网膜确实具备极高的水包油乳液分离效率

与相对较高的通量，将其与其他过滤型网膜进行了对比（表5.3）[149-156]。可以看出，本章的 Janus 网膜对于水包油乳液的分离效率高于之前的大部分工作，水中油含量在 30 mg·L^{-1} 以下，达到了工业级排放标准，且具有较高的分离通量。

表5.3　本章制备的 Janus 网膜与其他过滤型网膜的对比

材　料	制备方法	分离效率	通量 /[L/(m^2·h)]
水凝胶修饰滤纸[149]	羟醛缩合修饰	99.0%（汽油）	约63
贻贝仿生修饰膜[150]	共沉积法	98.0%（正己烷）	<120
氧化石墨烯修饰膜[151]	溶胶-凝胶法	91.5%（甲苯）	约592
壳聚糖类海绵[152]	共混法制备	>93.0%（甲苯）	未提
琼脂-京尼平网膜[153]	原位聚合法	约97.0%（正己烷）	<500
氧化钨修饰网膜[154]	水热合成法	>200 mg/L（汽油）	未提
氢氧化铜包覆网[155]	溶液浸渍法	>100 mg/L（汽油）	未提
四氧化三钴修饰网[156]	水热合成法	约60 mg/L（汽油）	约1500
PANI-SiNPs 网膜	浸渍-喷涂法	<30 mg/L（汽油）	约1800

5.3.8　SiNPs 疏水面稳定油包水乳液分离的研究

与 PANI 亲水面不同，疏水二氧化硅粒子修饰的 SiNPs 面因具备超疏水/超亲油的特殊浸润性，可以用于稳定油包水乳液的分离。分离前，所制备网膜被固定在抽滤装置中，使疏水的 SiNPs 修饰面朝上，亲水面朝下，之后将油包水乳液缓慢倒入抽滤瓶上方，整个分离过程在小于 0.1 MPa 的压强下完成。图5.11为 Janus 网膜疏水面对以 Span 80 为表面活性剂的甲苯包水乳液、汽油包水乳液、正己烷包水乳液和润滑油包水乳液的分离效果，经过 SiNPs 修饰面的分离后，原先浑浊的乳液均变得澄清透明，说明疏水面具有良好的油包水乳液分离能力。

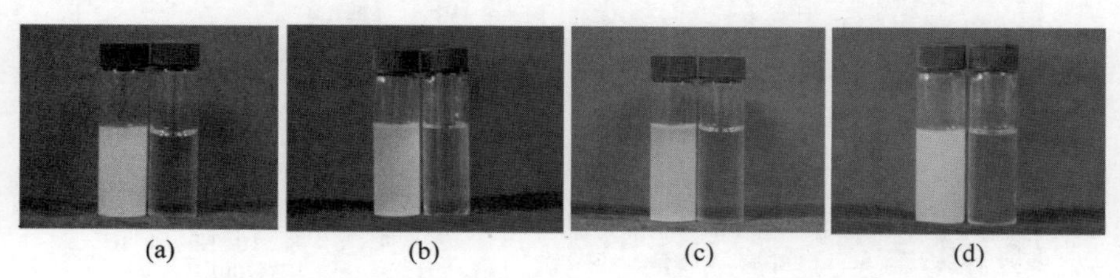

图5.11　SiNPs 疏水面对各类油包水乳液的分离效果数码照片（见文前彩图）

(a) 甲苯包水乳液；(b) 汽油包水乳液；(c) 正己烷包水乳液；(d) 润滑油包水乳液

上述四种油包水乳液——甲苯包水乳液、汽油包水乳液、正己烷包水乳液和润滑油包水乳液的平均粒径分别为 9.01 μm，8.78 μm，6.84 μm 和 8.12 μm，乳液中的微小水滴可以均匀稳定地分散在油相中(图 5.12)。当聚四氟乙烯微孔网膜基底被 PANI 与 SiNPs 同时修饰后，纳米尺度的微小颗粒均匀修饰在了网膜表面，从而使基底的孔径大大减小，可以将分布在油包水乳液中的水滴完全阻隔在网膜表面，实现稳定油包水乳液的分离。

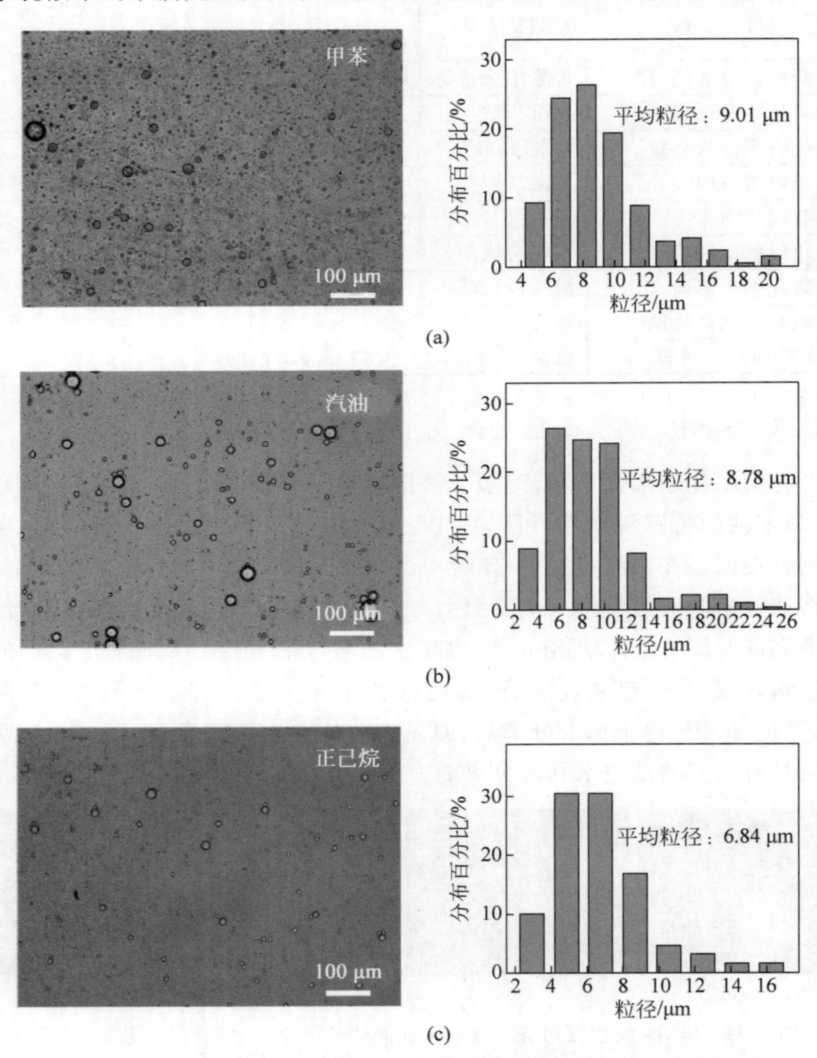

图 5.12　配制的各类油包水乳液的显微镜图及乳液粒径分析

(a) 甲苯包水乳液；(b) 汽油包水乳液；(c) 正己烷包水乳液；(d) 润滑油包水乳液

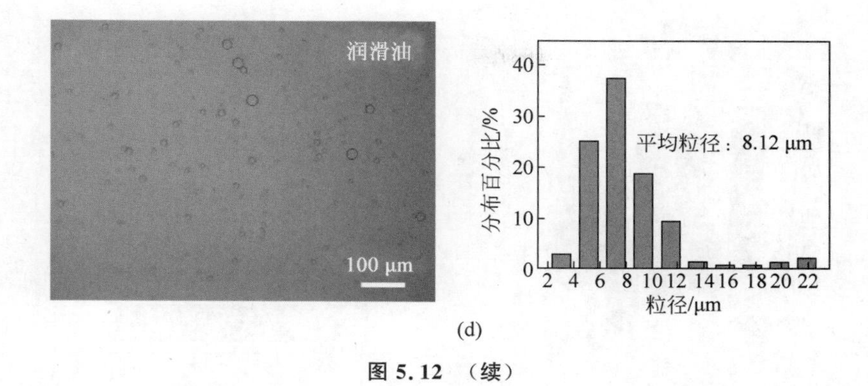

(d)

图 5.12　(续)

5.3.9　SiNPs 疏水面油包水乳液分离效率的研究

Janus 网膜对油包水乳液的分离效率是通过乳液分离后油中的水含量来进行表征的，实验中，同时测试了滤液和相应纯油中的水含量(图 5.13(a))，从测试数据可以看出，滤液中的水含量很低，与纯油之间相差并不多，汽油包水滤液中的水含量甚至低于汽油的油样。图 5.13(b)是 SiNPs 疏水面对不同油包水乳液的分离效率，网膜展现出了高效的乳液分离能力，分离效率均高于 99.0%，其中的水含量远低于 0.03%(体积含量)，符合工业上的纯度要求。同时，网膜的 SiNPs 疏水面具有良好的重复使用能力，重复使用 10 次后，分离效率仍大于 99.0%。

5.3.10　Janus 网膜水包油/油包水乳液分离通量的研究

乳液分离通量作为另一项性能评估指标，在油水分离领域中有着重要的指导意义。在实验中，分别测试了 Janus 网膜的 PANI 亲水面对一系列水包油乳液的通量和 SiNPs 疏水面对一系列油包水乳液的通量(图 5.14)。对于四种水包油乳液，其分离通量均高于 1300 $L/(m^2 \cdot h)$，水包汽油乳液的通量甚至达到了 1800 $L/(m^2 \cdot h)$。而对于四类油包水乳液，甲苯包水乳液的分离通量最高，其他乳液的通量也达到了 1100 $L/(m^2 \cdot h)$。考虑到本节配制的乳液具有良好的稳定性，与其他网膜相比，该 Janus 网膜的通量是相对较高的。

5.3.11　Janus 膜上下表面涂层稳定性

为了进一步考察网膜上下表面修饰涂层的稳定性，分别进行了 30 次以

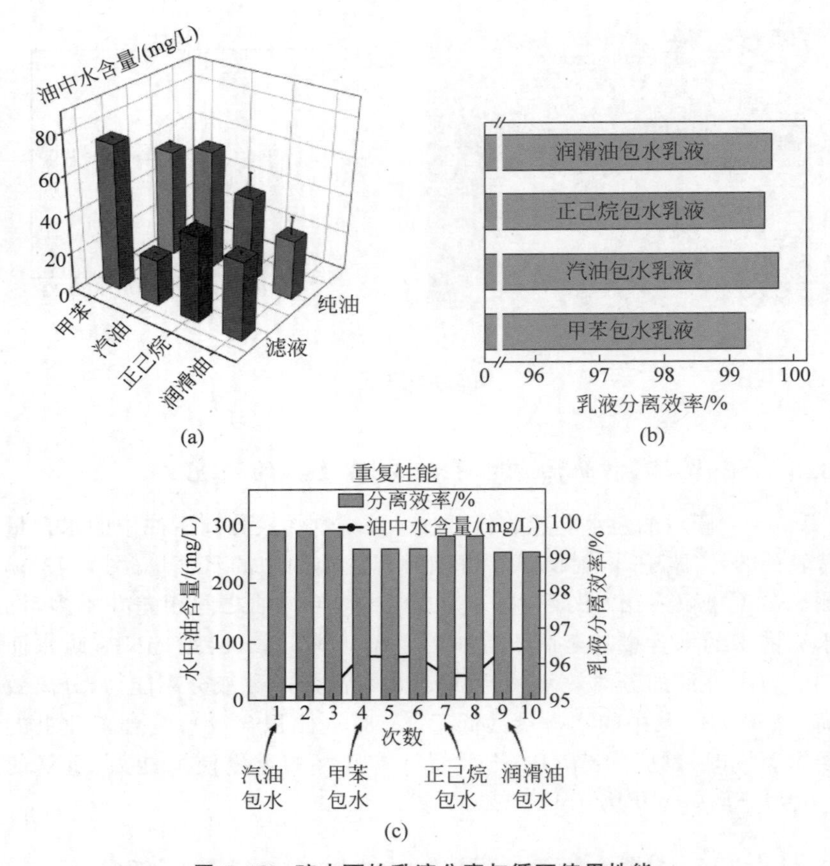

图 5.13　疏水面的乳液分离与循环使用性能

(a) SiNPs 疏水面乳液分离后的油中水含量及其与纯油中水含量的对比；(b) 疏水面的油包水乳液分离效率；(c) 所制备网膜疏水面的循环使用性能

上的水包油乳液分离测试和油包水乳液分离测试，并拍摄了乳液分离后表面形貌的扫描电镜图。从 PANI 亲水面的电镜图中可以看出(图 5.15)，使用多次后的网膜依然被聚苯胺所包覆，并且仍然具有超亲水的特殊浸润性，证明了 PANI 涂层优异的稳定性。

对于 SiNPs 疏水面，在连续 30 次的油包水乳液分离后，虽然有少量纳米粒子被乳液、水、乙醇等溶剂冲洗，但是大部分疏水粒子仍然修饰在网膜的表面，且水的接触角达到了 137.5°，此外，该网膜仍可以高效分离稳定的油包水乳液。更重要的是，通过简单的重新喷涂，SiNPs 疏水面的浸润性还能够恢复到超疏水的状态(图 5.16)。

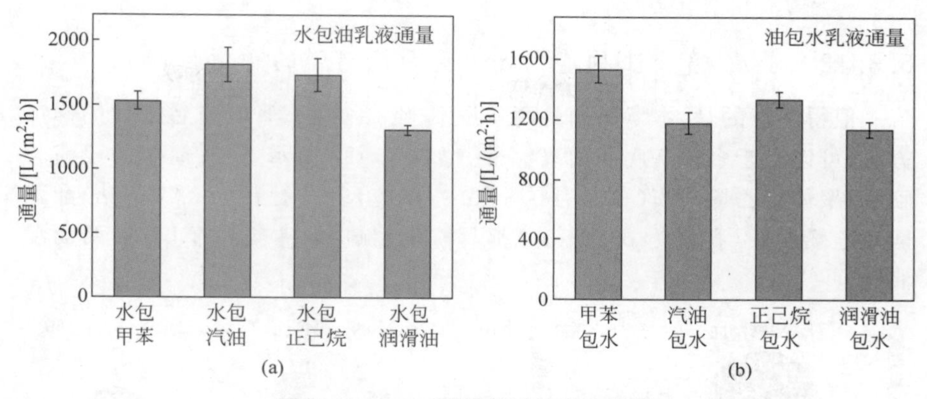

图 5.14　Janus 网膜的乳液分离通量

(a) PANI 修饰亲水面对不同种类水包油乳液的分离通量；(b) SiNPs 修饰疏水面对不同种类油包水乳液的分离通量

图 5.15　亲水面循环使用后的形貌与浸润性

(a) PANI 修饰亲水面在使用 30 次后的扫描电镜图；(b) 高倍数下的微观形貌(右上角插图为相应的空气中水接触角)

图 5.16　疏水面循环使用后的形貌与浸润性

(a) SiNPs 修饰疏水面在重复使用 30 次后的扫描电镜图(左下角插图为对应的水接触角)；(b) 经过重新喷涂后的扫描电镜图(左下角插图为对应的水接触角)

5.3.12　浸渍-喷涂法构建Janus两面性网膜的普适性研究

值得注意的是，本章所用的两步浸渍-喷涂法是一种具有普适性的修饰方法，可以赋予多种基底两面浸润性。如图5.17所示，通过简单的浸渍和喷涂，聚偏氟乙烯网膜(孔径为0.8 μm)、尼龙网膜(孔径为0.45 μm)和聚四氟乙烯网膜(孔径为0.22 μm)都具有了超疏水-超亲水的Janus两面浸润性。

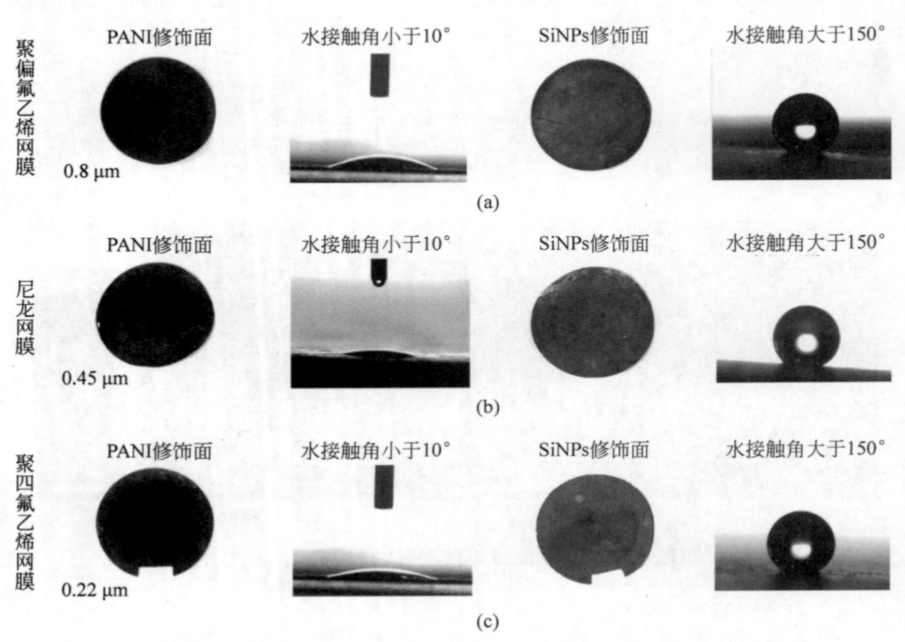

图5.17　本章所用的浸渍-喷涂法构建Janus两面性网膜的普适性研究

(a) 孔径为0.8 μm的聚偏氟乙烯网膜；(b) 孔径为0.45 μm的尼龙网膜；
(c) 孔径为0.22 μm的聚四氟乙烯网膜

5.4　小　　结

本章通过两步浸渍-喷涂法将亲水聚合物PANI与疏水纳米粒子SiNPs成功修饰在聚四氟乙烯微孔网膜的上、下表面，从而制备出具有两面浸润性的Janus网膜材料。在粗糙结构、微米级孔径和特殊浸润性的共同作用下，该网膜可以同时实现高效水包油乳液和油包水乳液的分离。其中，

PANI 修饰面表现出超亲水/水下超疏油特殊浸润性，当此面在分离过程中朝上时，可以实现多种类型水包油乳液的分离（包括非离子型、阴离子型、阳离子型水包油乳液，酸性和碱性下的水包油乳液，甚至是稳定的海水包原油乳液）。SiNPs 修饰面则表现出了优异的超疏水/超亲油特殊浸润性，当此面朝上时，可以实现稳定油包水乳液的分离。更重要的是，该网膜的乳液分离效率极高，对于水包油乳液，网膜分离后水中的油含量均小于 30 $mg \cdot L^{-1}$ 并且分离效率大于 99.7%；而对于油包水乳液，网膜分离后油中的水含量与相应油样中的水含量并没有太大的差别，水含量远低于 0.03%（体积含量），均达到了工业标准。此外，该 Janus 网膜还具备优异的循环使用性能。本章将 Janus 两面性材料用于油水乳液的分离中，拓宽了该类材料的应用范围，同时其高效的乳液分离能力也推动了其在油水分离领域的发展。

第6章　结论与展望

本书立足于特殊浸润性材料在实际油水分离领域中的应用，针对该类材料存在的诸多关键问题，如需进一步拓展特殊浸润性材料的多功能性与可控油水分离能力、如何能够实现稳定乳液体系的分离、智能响应型与Janus网膜无法实现稳定水包油乳液和油包水乳液的可控分离、如何实现更高效的油水分离等，以材料表面化学组成、粗糙结构和基底孔径共同决定特殊浸润性材料性能为设计思路，制备出了一系列具有不同性能、面向实际应用的油水分离材料。具体的结论与创新点如下：

（1）在溶剂热法修饰阻水型网膜用于可控油水分离的研究中，首次探究了过滤型油水分离材料孔径对其最终性能的影响。采用溶剂热法可以将低表面能物质二乙烯基苯聚合并牢固修饰在不同种类的多孔基底上，通过进一步调控基底的孔径，可以实现从油水分离到稳定油包水乳液分离的可控分离。当基底孔径相对较大（几十微米左右）时，网膜可以用于高效率的油/海水混合物分离；当基底孔径较小时，网膜可以捕捉油相中的微小水滴，实现高效率的油包水纳米级稳定乳液的分离。该类材料解决了目前阻水型油水分离材料难以实现稳定乳液分离与可控油水分离的问题，其设计方法也为可控油水分离材料的制备提供了新思路。

（2）溶剂热法修饰阻油型网膜用于稳定水包油乳液分离的研究工作表明，通过一步简单的溶剂热修饰聚合方法，可以将聚丙烯酰胺-聚二乙烯基苯共聚物成功修饰在具有微小孔径的网膜基底上。采用二乙烯基苯作为交联剂大大提高了聚合物与基底之间的结合力。该类材料成功实现了包括阴离子型、阳离子型和中性乳液在内的水包油乳液的高效分离，解决了目前阻油型材料难以实现稳定乳液分离、分离乳液种类有限的问题，为此类材料的工业化应用奠定了基础。

（3）热响应聚合物修饰网膜用于不同类型乳液的可控分离的研究表明，采用简单经济的水热聚合方法，可以将具有热响应的N-异丙基丙烯酰胺单体聚合并修饰在微孔网膜基底上。该材料成功实现了不同温度下浸润性的转变及稳定水包油和油包水乳液的可控分离。当温度低于材料的最低共溶温度时，网膜表现为超亲水的浸润性，可以用于多种水包油乳液的分离；当温度高于最低共溶温度时，网膜浸润性转变为疏水，可以实现稳定油包水乳液的分离。该材料解决了目前智能响应型特殊浸润性材料难以实现可控乳液分离的问题，在废水处理、可控油泄漏事故处理、燃油净化和远程乳液分离控制单元等领域具有良好的应用前景。

(4) 在超疏水-超亲水 Janus 网膜用于符合工业排放标准的可控乳液分离研究中，通过两步浸渍-喷涂法将亲水聚合物聚苯胺与疏水二氧化硅纳米粒子成功修饰在聚微孔网膜的上下表面，制备出两面浸润性截然不同且孔径很小的 Janus 多孔材料，该材料可以在不施加外界刺激的情况下同时实现高效水包油乳液和油包水乳液的分离。该工作不仅解决了 Janus 网膜难以实现可控乳液分离的问题，更是将乳液分离的效率提高到了工业标准，因此拓宽了该类材料的应用范围，推动了其在高效油水分离领域的发展。

综上所述，本书中制备的各类特殊浸润性材料推动了过滤型材料在油水分离领域的可控分离、高效分离与实际应用。化学组成、粗糙结构与基底孔径共同决定材料性能的设计思路也对之后的工作具有重要的借鉴作用。展望未来，在此研究的基础上，还有一些工作可以进一步开展，如建立包括孔径在内的三种因素对材料最终浸润性影响的具体理论；探究材料孔径大小对油水分离效率与通量的影响，并确定同时兼顾两者的最佳条件；面向实际应用开发材料的多功能性，以便在油水分离过程中同时除去油相与其他污染物等。

参考文献

[1] SHANNON M A, BOHN P W, ELIMELECH M, et al. Science and technology for water purification in the coming decades[J]. Nature, 2008, 452: 301-310.

[2] YUAN J, LIU X, AKBULUT O, et al. Superwetting nanowire membranes for selective absorption[J]. Nat. Nanotechnol., 2008, 3: 332-336.

[3] SINGH V, PURKAIT M, DAS C. Cross-flow microfiltration of industrial oily wastewater: experimental and theoretical consideration[J]. Sep. Sci. Technol., 2011, 46: 1213-1223.

[4] CHAN Y, CHONG M F, LAW C L, et al. A review on anaerobic-aerobic treatment of industrial and municipal wastewater[J]. Chem. Eng. J., 2009, 155: 1-18.

[5] KAMMERER M, MASTAIN O, LE Dréan-Quenech'du S, et al. Liver and kidney concentrations of vanadium in oiled seabirds after the Erika wreck[J]. Sci Total Environ, 2004, 333: 295-301.

[6] ADEBAJO M O, FROST R L, KLOPROGGE J T, et al. Porous materials for oil spill cleanup: a review of synthesis and absorbing properties[J]. J. Porous Mater., 2003, 10: 159-170.

[7] NORDVIK A, SIMMONS J, BITTING K, et al. Oil and water separation in marine oil spill clean-up operations[J]. Spill Sci. Technol. Bull., 1996, 3: 107-122.

[8] KOTA A. K, KWON G, CHOI, W, et al. Hygro-responsive membranes for effective oil-water separation[J]. Nat. Commun., 2012, 3: 1025.

[9] KAJITVICHYANUKUL P, HUNG Y-T, WANG L K. Oil water separation[M]// WANG L K, HONG Y-T, SHAMMAS N K. Advanced physicochemical treatment processes, Springer: 2006, 521-548.

[10] CHEN G. Electrochemical technologies in wastewater treatment[J]. Sep. Purif. Technol., 2004, 38: 11-41.

[11] KWON W, PARK K, HAN S, et al. Investigation of water separation from water-in-oil emulsion using electric field[J]. J. Ind. Eng. Chem., 2010, 16: 684-687.

[12] EOW J S, GHADIRI M. Electrostatic enhancement of coalescence of water droplets in oil: a review of the technology[J]. Chem. Eng. J., 2002, 85: 357-368.

[13] VAN DER B B, VANDECASTEELE C, VAN GESTEL T, et al. A review of pressure-driven membrane processes in wastewater treatment and drinking water

production[J]. Environ. Prog. ,2003,22：46-56.

[14] GEISE G M, LEE H S, MILLER D J, et al. Water purification by membranes：The role of polymer science[J]. J. Polym. Sci. Part B：Polym. Phys. ,2010,48：1685-1718.

[15] SIRKAR K K. Membrane separation technologies：Current developments[J]. Chem. Eng. Commun. ,1997,157：145-184.

[16] CHERYAN M, RAJAGOPALAN N. Membrane processing of oily streams. Wastewater treatment and waste reduction[J]. J. Membr. Sci. ,1998,151：13-28.

[17] ZHOU M, CHO W. High oil-absorptive composites based on 4-tert-butylstyrene-EPDM-divinylbenzene graft polymer[J]. Polym. Int. ,2001,50：1193-1200.

[18] GUPTA V, CARROTT P, RIBEIRO C M, et al. Low-cost adsorbents：growing approach to wastewater treatment-a review[J]. Crit. Rev. Env. Sci. Technol. ,2009,39：783-842.

[19] TOYODA M, INAGAKI M. Heavy oil sorption using exfoliated graphite：New application of exfoliated graphite to protect heavy oil pollution[J]. Carbon,2000,38：199-210.

[20] YAO X, SONG Y, JIANG L. Applications of bio-inspired special wettable surfaces[J]. Adv. Mater. ,2011,23：719-734.

[21] SUN T, FENG L, GAO X, et al. Bioinspired surfaces with special wettability[J]. Acc. Chem. Res. 2005,38：644-652.

[22] FENG X, JIANG L. Design and creation of superwetting/antiwetting surfaces[J]. Adv. Mater. ,2006,18：3063-3078.

[23] XUE Z, LIU M, JIANG L. Recent developments in polymeric superoleophobic surfaces[J]. J. Polym. Sci. Part B：Polym. Phys. ,2012,50：1209-1224.

[24] 吴应湘，许晶禹. 油水分离技术[J]. 力学进展，2015，45：179-216.

[25] TABAKIN R, TRATTNER R, CHEREMISINOFF P. Oil/water separation technology：The options available[J]. Water Sewage Works,1978,125：8.

[26] MYSORE D, VIRARAGHAVAN T, JIN Y. Oil/water separation technology-a review[J]. J. Residuals. Sci. Technol. ,2006,3：5-14.

[27] 隋智慧，秦煜民. 油水分离技术的研究进展[J]. 油气田地面工程，2002，21：115-116.

[28] 李国珍，肖华，董守平. 油水分离技术及其进展[J]. 油气田地面工程，2001，20：7-9.

[29] HANAFY M, NABIH H. Treatment of oily wastewater using dissolved air flotation technique[J]. Energy Sources, Part A：Rewvery, Utilization, and Enviromental Effects,2007,29：143-159.

[30] SUZUKI Y, MARUYAMA T. Removal of emulsified oil from water by coagulation and foam separation[J]. Sep. Sci. Technol. ,2005,40：3407-3418.

[31] MELO M, SANT'ANNA JR G, MASSARANI G. Flotation techniques for oily water treatment[J]. Environ. Technol. ,2003,24: 867-876.

[32] RUBIO J, SOUZA M, SMITH R. Overview of flotation as a wastewater treatment technique[J]. Miner. Eng. ,2002,15: 139-155.

[33] ELEKTOROWICZ M, HABIBI S, CHIFRINA R. Effect of electrical potential on the electro-demulsification of oily sludge[J]. J. Colloid. Interface Sci. ,2006,295: 535-541.

[34] FENG L, LI S, LI Y, et al. Super-hydrophobic surfaces: from natural to artificial[J]. Adv. Mater. ,2002,14: 1857-1860.

[35] WOODWARD J, GWIN H, SCHWARTZ D. Contact angles on surfaces with mesoscopic chemical heterogeneity[J]. Langmuir,2000,16: 2957-2961.

[36] ERBIL H Y, DEMIREL A L, AVCI Y, et al. Transformation of a simple plastic into a superhydrophobic surface[J]. Science,2003,299: 1377-1380.

[37] ONDA T, SHIBUICHI S, SATOH N, et al. Super-water-repellent fractal surfaces[J]. Langmuir,1996,12: 2125-2127.

[38] 江雷,冯琳. 仿生智能纳米界面材料[M]. 北京: 化学工业出版社,2007.

[39] YOUNG T. An essay on the cohesion of fluids[J]. Phil. Trans. R. Soc. ,1805,95: 65-87.

[40] VOGLER E A. Structure and reactivity of water at biomaterial surfaces[J]. Adv. Colloid Interface Sci. ,1998,74: 69-117.

[41] YOON R-H, FLINN D H, RABINOVICH Y I. Hydrophobic interactions between dissimilar surfaces[J]. J. Colloid Interface Sci. ,1997,185: 363-370.

[42] RICHARD D, QUÉRÉ D. Viscous drops rolling on a tilted non-wettable solid[J]. EPL (Europhysics Letters),1999,48: 286.

[43] FURMIDGE C. Studies at phase interfaces. Ⅰ. The sliding of liquid drops on solid surfaces and a theory for spray retention[J]. J. Colloid Sci. ,1962,17: 309-324.

[44] WENZEL R N. Resistance of solid surfaces to wetting by water[J]. Ind. Eng. Chem. ,1936,28: 988-994.

[45] FENG L, ZHANG Y, XI J, et al. Petal effect: A superhydrophobic state with high adhesive force[J]. Langmuir 2008,24: 4114-4119.

[46] QUÉRÉ D. Wetting and roughness[J]. Annu. Rev. Mater. Res. ,2008,38: 71-99.

[47] CASSIE A, BAXTER S. Wettability of porous surfaces[J]. Trans. Faraday Soc. , 1944,40: 546-551.

[48] XUE Z, CAO Y, LIU N, et al. Special wettable materials for oil/water separation[J]. J. Mater. Chem. A,2014,2: 2445-2460.

[49] LIU H, ZHAI J, JIANG L. Wetting and anti-wetting on aligned carbon nanotube films[J]. Soft Matter. ,2006,2: 811-821.

[50] LIU M, ZHENG Y, ZHAI J, et al. Bioinspired super-antiwetting interfaces with

special liquid-solid adhesion[J]. Acc. Chem. Res. ,2009,43：368-377.

[51] WANG S,LIU K,YAO X,et al. Bioinspired surfaces with superwettability：new insight on theory, design, and applications [J]. Chem. Rev., 2015, 115：8230-8293.

[52] GENZER J,EFIMENKO K. Recent developments in superhydrophobic surfaces and their relevance to marine fouling：a review[J]. Biofouling,2006,22：339-360.

[53] FENG L, ZHANG Z, MAI Z, et al. A super-hydrophobic and super-oleophilic coating mesh film for the separation of oil and water[J]. Angew. Chem. Int. Ed., 2004,43：2012-2014.

[54] LU Y,SATHASIVAM S,SONG,J,et al. Creating superhydrophobic mild steel surfaces for water proofing and oil-water separation[J]. J. Mater. Chem. A,2014, 2：11628-11634.

[55] HUANG J,LI S,GE M,et al. Robust superhydrophobic TiO_2@ fabrics for UV shielding,self-cleaning and oil-water separation[J]. J. Mater. Chem. A,2015,3：2825-2832.

[56] ZHOU X,ZHANG Z,XU X,et al. Robust and durable superhydrophobic cotton fabrics for oil/water separation [J]. ACS Appl. Mater. Interfaces, 2013, 5：7208-7214.

[57] LI X,HU D,HUANG K,et al. Hierarchical rough surfaces formed by LBL self-assembly for oil-water separation[J]. J. Mater. Chem. A,2014,2：11830-11838.

[58] ZHANG X,LI Z,LIU K,et al. Bioinspired multifunctional foam with self-cleaning and oil/water separation[J]. Adv. Funct. Mater. ,2013,23：2881-2886.

[59] CAO Y, ZHANG X, TAO L, et al. Mussel-inspired chemistry and michael addition reaction for efficient oil/water separation [J]. ACS Appl. Mater. Interfaces,2013,5：4438-4442.

[60] ZHANG J, SEEGER S. Polyester materials with superwetting silicone nanofilaments for oil/water separation and selective oil absorption [J]. Adv. Funct. Mater. ,2011,21：4699-4704.

[61] LEE M,AN S,LATTHE S,et al. Electrospun polystyrene nanofiber membrane with superhydrophobicity and superoleophilicity for selective separation of water and low viscous oil[J]. ACS Appl. Mater. Interfaces,2013,5：10597-10604.

[62] DENG Z, WANG W, MAO L, et al. Versatile superhydrophobic and photocatalytic films generated from TiO_2-SiO_2@ PDMS and their applications on fabrics[J]. J. Mater. Chem. A,2014,2：4178-4184.

[63] SASMAL A, MONDAL C, SINHA A, et al. Fabrication of superhydrophobic copper surface on various substrates for roll-off, self-cleaning, and water/oil separation[J]. ACS Appl. Mater. Interfaces,2014,6：22034-22043.

[64] KONG L,CHEN X,YU L,et al. Superhydrophobic cuprous oxide nanostructures

on phosphor-copper meshes and their oil-water separation and oil spill cleanup[J]. ACS Appl. Mater. Interfaces,2015,7: 2616-2625.

[65] SONG J,HUANG S,LU Y,et al. Self-driven one-step oil removal from oil spill on water via selective-wettability steel mesh[J]. ACS Appl. Mater. Interfaces, 2014,6: 19858-19865.

[66] YU Y,CHEN H,LIU Y,et al. Superhydrophobic and superoleophilic porous boron nitride nanosheet/polyvinylidene fluoride composite material for oil-polluted water cleanup[J]. Adv. Mater. Interfaces,2015,2: 1400267.

[67] TAI M,GAO P,TAN B,et al. Highly efficient and flexible electrospun carbon-silica nanofibrous membrane for ultrafast gravity-driven oil-water separation[J]. ACS Appl. Mater. Interfaces,2014,6: 9393-9401.

[68] XUE Z, SUN Z, CAO Y, et al. Superoleophilic and superhydrophobic biodegradable material with porous structures for oil absorption and oil-water separation[J]. RSC Adv. ,2013,3: 23432-23437.

[69] WANG B,LI J,WANG G,et al. Methodology for robust superhydrophobic fabrics and sponges from in situ growth of transition metal/metal oxide nanocrystals with thiol modification and their applications in oil/water separation[J]. ACS Appl. Mater. Interfaces,2013,5: 1827-1839.

[70] WU L,LI L,LI B,et al. Magnetic,durable,and superhydrophobic polyurethane@ Fe_3O_4@SiO_2@fluoropolymer sponges for selective oil absorption and oil/water separation[J]. ACS Appl. Mater. Interfaces,2013,7: 4936-4946.

[71] RUAN C, AI K, LI X, et al. A superhydrophobic sponge with excellent absorbency and flame retardancy [J]. Angew. Chem. Int. Ed. , 2014, 53: 5556-5560.

[72] BI H,YIN Z,CAO X,et al. Carbon fiber aerogel made from raw cotton: a novel, efficient and recyclable sorbent for oils and organic solvents[J]. Adv. Mater. , 2013,25: 5916-5921.

[73] CAO Y,CHEN Y,LIU N,et al. Mussel-inspired chemistry and Stöber method for highly stabilized water-in-oil emulsions separation[J]. J. Mater. Chem. A,2014,2: 20439-20443.

[74] SI Y, FU Q, WANG X, et al. Superelastic and superhydrophobic nanofiber-assembled cellular aerogels for effective separation of oil/water emulsions[J]. ACS Nano. ,2015,9: 3791-3799.

[75] HU L,GAO S,ZHU Y,et al. An ultrathin bilayer membrane with asymmetric wettability for pressure responsive oil/water emulsion separation[J]. J. Mater. Chem. A,2015,3: 23477-23482.

[76] ZHANG C,LI P,CAO B,et al. Electrospun microfibrous membranes based on PIM-1/POSS with high oil wettability for separation of oil-water mixtures and

cleanup of oil soluble contaminants [J]. Ind. Eng. Chem. Res., 2015, 54: 8772-8781.

[77] TAO M, XUE L, LIU F, et al. An intelligent superwetting PVDF membrane showing switchable transport performance for oil/water separation[J]. Adv. Mater., 2014, 26: 2943-2948.

[78] SHI Z, ZHANG W, ZHANG F, et al. Ultrafast separation of emulsified oil/water mixtures by ultrathin free-standing single-walled carbon nanotube network films[J]. Adv. Mater., 2013, 25: 2422-2427.

[79] JÄRN M, GRANQVIST B, LINDFORS J, et al. A critical evaluation of the binary and ternary solid-oil-water and solid-water-oil interaction [J]. Adv. Colloid Interface Sci., 2006, 123: 137-149.

[80] STARKWEATHER B A, ZHANG X, COUNCE R M. An experimental study of the change in the contact angle of an oil on a solid surface[J]. Ind. Eng. Chem. Res., 2000, 39: 362-366.

[81] LIU M, WANG S, WEI Z, et al. Bioinspired design of a superoleophobic and low adhesive water/solid interface[J]. Adv. Mater., 2009, 21: 665-669.

[82] XUE Z, WANG S, LIN L, et al. A novel superhydrophilic and underwater superoleophobic hydrogel-coated mesh for oil/water separation[J]. Adv. Mater., 2011, 23: 4270-4273.

[83] LU F, CHEN Y, LIU N, et al. A fast and convenient cellulose hydrogel-coated colander for high-efficiency oil-water separation [J]. RSC. Adv., 2014, 4: 32544-32548.

[84] BROWN P, BHUSHAN B. Mechanically durable, superoleophobic coatings prepared by layer-by-layer technique for anti-smudge and oil-water separation[J]. Sci. Rep., 2015, 5: 8701.

[85] CHEN Y, XUE Z, LIU N, et al. Fabrication of a silica gel coated quartz fiber mesh for oil-water separation under strong acidic and concentrated salt conditions[J]. RSC. Adv., 2014, 4: 11447-11450.

[86] CAO Y, LIU N, ZHANG W, et al. One-step coating toward multifunctional applications: oil/water mixtures and emulsions separation and contaminants adsorption[J]. ACS Appl. Mater. Interfaces, 2016, 8: 3333-3339.

[87] ZHU J, LI H, DU J, et al. A robust and coarse surface mesh modified by interpenetrating polymer network hydrogel for oil-water separation[J]. J. Appl. Polym. Sci., 2015, 132: 41949.

[88] LIU M, LI J, SHI L, et al. Stable underwater superoleophobic conductive polymer coated meshes for high-efficiency oil-water separation[J]. RSC Adv., 2015, 5: 33077-33082.

[89] LIU Q, PATEL A, LIU L, et al. Superhydrophilic and underwater superoleophobic

poly (sulfobetaine methacrylate)-grafted glass fiber filters for oil-water separation[J]. ACS Appl. Mater. Interfaces,2014,6: 8996-9003.

[90] TENG C,LU X,REN G,et al. Underwater self-cleaning PEDOT-PSS hydrogel mesh for effective separation of corrosive and hot oil/water mixtures[J]. Adv. Mater. Interfaces,2014,1: 1400099.

[91] YANG R,MONI P,GLEASON K. Ultrathin zwitterionic coatings for roughness-independent underwater superoleophobicity and gravity-driven oil-water separation[J]. Adv. Mater. Interfaces,2015,2: 1400489.

[92] REN P,YANG H,JIN Y,et al. Underwater superoleophobic meshes fabricated by poly (sulfobetaine)/polydopamine co-deposition [J]. RSC Adv., 2015, 5: 47592-47598.

[93] LI L,LIU Z,ZHANG Q,et al. Underwater superoleophobic porous membrane based on hierarchical TiO_2 nanotubes: multifunctional integration of oil-water separation,flow-through photocatalysis and self-cleaning[J]. J. Mater. Chem. A, 2015,3: 1279-1286.

[94] DONG Y,LI J,SHI L,et al. Underwater superoleophobic graphene oxide coated meshes for the separation of oil and water [J]. Chem. Commun., 2014, 50: 5586-5589.

[95] GONDAL M, SADULLAH M, DASTAGEER M, et al. Study of factors governing oil-water separation process using TiO_2 films prepared by spray deposition of nanoparticle dispersions[J]. ACS Appl. Mater. Interfaces,2014,6: 13422-13429.

[96] ZHENG X, GUO Z, TIAN D, et al. Underwater self-cleaning scaly fabric membrane for oily water separation[J]. ACS Appl. Mater. Interfaces,2015,7: 4336-4343.

[97] ZHANG E,CHENG Z,LV T,et al. Anti-corrosive hierarchical structured copper mesh film with superhydrophilicity and underwater low adhesive superoleophobicity for highly efficient oil-water separation[J]. J. Mater. Chem. A, 2015,3: 13411-13417.

[98] MAPHUTHA S, MOOTHI K, MEYYAPPAN M, et al. A carbon nanotube-infused polysulfone membrane with polyvinyl alcohol layer for treating oil-containing waste water[J]. Sci. Rep.,2013,3: 1509.

[99] CHEN P-C, XU Z-K. Mineral-coated polymer membranes with superhydrophilicity and underwater superoleophobicity for effective oil/water separation[J]. Sci. Rep.,2013,3: 2776.

[100] LI J, CHENG H, CHAN C, et al. Superhydrophilic and underwater superoleophobic mesh coating for efficient oil-water separation[J]. RSC Adv., 2015,5: 51537-51541.

[101] WEN Q, DI J, JIANG L, et al. Zeolite-coated mesh film for efficient oil-water separation[J]. Chem. Sci., 2013, 4: 591-595.

[102] ZHANG L, ZHONG Y, CHA D, et al. A self-cleaning underwater superoleophobic mesh for oil-water separation[J]. Sci. Rep., 2013, 3: 2326.

[103] GAO X, XU L, XUE Z, et al. Dual-scaled porous nitrocellulose membranes with underwater superoleophobicity for highly efficient oil/water separation[J]. Adv. Mater., 2014, 26: 1771-1775.

[104] LIU Y-Q, ZHANG Y-L, FU X-Y, et al. Bioinspired underwater superoleophobic membrane based on a graphene oxide coated wire mesh for efficient oil/water separation[J]. ACS Appl. Mater. Interfaces, 2015, 7: 20930-20936.

[105] BROWN P, ATKINSON O, BADYAL J. Ultrafast oleophobic-hydrophilic switching surfaces for antifogging, self-cleaning, and oil-water separation[J]. ACS Appl. Mater. Interfaces, 2014, 6: 7504-7511.

[106] YANG J, ZHANG Z, XU X, et al. Superhydrophilic-superoleophobic coatings[J]. J. Mater. Chem., 2012, 22: 2834-2837.

[107] SI Y, YAN C, HONG F, et al. A general strategy for fabricating flexible magnetic silica nanofibrous membranes with multifunctionality[J]. Chem. Commun., 2015, 51: 12521-12524.

[108] ZHANG L, GU J, SONG L, et al. Underwater superoleophobic carbon nanotubes/core-shell polystyrene@Au nanoparticles composite membrane for flow-through catalytic decomposition and oil/water separation[J]. J. Mater. Chem. A, 2016, 4: 10810-10815.

[109] CAO C, GE M, HUANG J, et al. Robust fluorine-free superhydrophobic PDMS-ormosil@fabrics for highly effective self-cleaning and efficient oil-water separation[J]. J. Mater. Chem. A, 2016, 4: 12179-12187.

[110] GAO S, SHI Z, ZHANG W, et al. Photoinduced superwetting single-walled carbon nanotube/TiO_2 ultrathin network films for ultrafast separation of oil-in-water emulsions[J]. ACS Nano., 2014, 8: 6344-6352.

[111] YANG H, CHEN Y, YE C, et al. Polymer membrane with a mineral coating for enhanced curling resistance and surface wettability[J]. Chem. Commun., 2015, 51: 12779-12782.

[112] YUAN T, MENG J, HAO T, et al. A scalable method toward superhydrophilic and underwater superoleophobic PVDF membranes for effective oil/water emulsion separation[J]. ACS Appl. Mater. Interfaces, 2015, 7: 14896-14904.

[113] WANG Z, JIANG X, CHENG X, et al. Mussel-inspired hybrid coatings that transform membrane hydrophobicity into high hydrophilicity and underwater superoleophobicity for oil-in-water emulsion separation[J]. ACS Appl. Mater. Interfaces, 2015, 7: 9534-9545.

[114] GAO S, ZHU Y, ZHANG F, et al. Superwetting polymer-decorated SWCNT composite ultrathin films for ultrafast separation of oil-in-water nanoemulsions[J]. J. Mater. Chem. A, 2015, 3: 2895-2902.

[115] RAZA A, DING B, ZAINAB G, et al. In situ cross-linked superwetting nanofibrous membranes for ultrafast oil-water separation[J]. J. Mater. Chem. A, 2014, 2: 10137-10145.

[116] ZHU Y, ZHANG F, WANG D, et al. A novel zwitterionic polyelectrolyte grafted PVDF membrane for thoroughly separating oil from water with ultrahigh efficiency[J]. J. Mater. Chem. A, 2013, 1: 5758-5765.

[117] CHENG Z, WANG J, LAI H, et al. pH-controllable on-demand oil/water separation on the switchable superhydrophobic/superhydrophilic and underwater low-adhesive superoleophobic copper mesh film [J]. Langmuir 2015, 31: 1393-1399.

[118] KWON G, KOTA A, LI Y, et al. On-demand separation of oil-water mixtures[J]. Adv. Mater., 2012, 24: 3666-3671.

[119] XU Z, ZHAO Y, WANG H, et al. A superamphiphobic coating with an ammonia triggered transition to superhydrophilic and superoleophobic for oil-water separation[J]. Angew. Chem. Int. Ed., 2015, 127: 4610-4613.

[120] TIAN D, ZHANG X, TIAN Y, et al. Photo-induced water-oil separation based on switchable superhydrophobicity-superhydrophilicity and underwater superoleophobicity of the aligned ZnO nanorod array-coated mesh films [J]. J. Mater. Chem., 2012, 22: 19652-19657.

[121] LIU N, CAO Y, LIN X, et al. A facile solvent-manipulated mesh for reversible oil/water separation[J]. ACS Appl. Mater. Interfaces, 2014, 6: 12821-12826.

[122] WANG Y, LAI C, WANG X, et al. Beads-on-string structured nanofibers for smart and reversible oil/water separation with outstanding antifouling property[J]. ACS Appl. Mater. Interfaces, 2016, 8: 25612-25620.

[123] ZHANG L, ZHANG Z, WANG P. Smart surfaces with switchable superoleophilicity and superoleophobicity in aqueous media: toward controllable oil/water separation[J]. NPG Asia Mater., 2012, 4: e8.

[124] CAO Y, LIU N, FU C, et al. Thermo and pH dual-responsive materials for controllable oil/water separation [J]. ACS Appl. Mater. Interfaces, 2014, 6: 2026-2030.

[125] CHE H, HUO M, PENG L, et al. CO_2-responsive nanofibrous membranes with switchable oil/water wettability [J]. Angew. Chem. Int. Ed., 2015, 54: 8934-8938.

[126] ZHU Q, TAO F, PAN Q. Fast and selective removal of oils from water surface via highly hydrophobic core-shell Fe_2O_3@C nanoparticles under magnetic field[J].

ACS Appl. Mater. Interfaces,2010,2: 3141-3146.

[127] YANG H, HOU J, CHEN V, et al. Janus membranes: exploring duality for advanced separation[J]. Angew. Chem. Int. Ed. ,2016,55: 13398-13407.

[128] WANG H, ZHOU H, YANG W, et al. Selective, spontaneous one-way oil-transport fabrics and their novel use for gauging liquid surface tension[J]. ACS Appl. Mater. Interfaces,2015,7: 22874-22880.

[129] TIAN X,JIN H,SAINIO J,et al. Droplet and fluid gating by biomimetic Janus membranes[J]. Adv. Funct. Mater. ,2014,24: 6023-6028.

[130] WANG Z,WANG Y,LIU G. Rapid and efficient separation of oil from oil-in-water emulsions using a Janus cotton fabric[J]. Angew. Chem. Int. Ed. ,2016, 55: 1291-1294.

[131] ZHOU H,WANG H,NIU H,et al. Superphobicity/philicity Janus fabrics with switchable,spontaneous,directional transport ability to water and oil fluids[J]. Sci. Rep. ,2013,3: 2964.

[132] WU J, WANG N, WANG L, et al. Unidirectional water-penetration composite fibrous film via electrospinning[J]. Soft. Matter. ,2012,8: 5996-5999.

[133] WANG H, ZHOU H, NIU H, et al. Dual-layer superamphiphobic/superhydrophobic-oleophilic nanofibrous membranes with unidirectional oil-transport ability and strengthened oil-water separation performance[J]. Adv. Mater. Interfaces,2015,2: 1400506.

[134] WEI S,LU D,SUN J,et al. Solvothermal synthesis of highly porous polymers and their controllable transition from macro/mesoporosity to meso/microporosity[J]. Colloids and Surfaces A: Physicochem. Eng. Aspects,2012, 414: 327-332.

[135] ZHANG Y, WEI S, LIU F, et al. Superhydrophobic nanoporous polymers as efficient adsorbents for organic compounds[J]. Nano Today,2009,4: 135-142.

[136] WEI S, ZHANG Y, DING H, et al. Solvothermal fabrication of adsorptive polymer monolith with large nanopores towards biomolecules immobilization[J]. Colloids and Surfaces A: Physicochem. Eng. Aspects,2011,380: 29-34.

[137] ZHANG Y, WANG J, HE Y, et al. Solvothermal synthesis of nanoporous polymer chalk for painting superhydrophobic surfaces[J]. Langmuir,2011,27: 12585-12590.

[138] CALVERT P. Hydrogels for soft machines[J]. Adv. Mater. ,2009,21: 743-756.

[139] DRURY J, MOONEY D. Hydrogels for tissue engineering: scaffold design variables and applications[J]. Biomaterials,2003,24: 4337-4351.

[140] CHAUHAN G,CHAUHAN S,KUMAR S,et al. A study in the adsorption of Fe^{2+} and on pine needles based hydrogels[J]. Bioresour. Technol. ,2008,99: 6464-6470.

[141] SINGH V, TIWARI A, TRIPATHI D, et al. Microwave enhanced synthesis of chitosan-graft-polyacrylamide[J]. Polymer, 2006, 47: 254-260.

[142] YI J, ZHANG L. Removal of methylene blue dye from aqueous solution by adsorption onto sodium humate/polyacrylamide/clay hybrid hydrogels[J]. Bioresour. Technol., 2008, 99: 2182-2186.

[143] SUTAR P, MISHRA R, PAL K, et al. Development of pH sensitive polyacrylamide grafted pectin hydrogel for controlled drug delivery system[J]. J. Mater. Sci.: Mater Med, 2008, 19: 2247-2253.

[144] ZHOU C, WU Q. A novel polyacrylamide nanocomposite hydrogel reinforced with natural chitosan nanofibers[J]. Colloids and Surfaces B: Biointerfaces, 2011, 84: 155-162.

[145] LIANG L, RIEKE P, LIU J, et al. Surfaces with reversible hydrophilic/hydrophobic characteristics on cross-linked poly (*N*-isopropylacrylamide) hydrogels[J]. Langmuir, 2000, 16: 8016-8023.

[146] SONG W, XIA F, BAI Y, et al. Controllable water permeation on a poly (*N*-isopropylacrylamide)-modified nanostructured copper mesh film[J]. Langmuir, 2007, 23: 327-331.

[147] SUN T, WANG G, FENG L, et al. Reversible switching between superhydrophilicity and superhydrophobicity[J]. Angew. Chem. Int. Ed., 2004, 116: 361-364.

[148] CHEN L, LIU M, LIN L, et al. Thermal-responsive hydrogel surface: tunable wettability and adhesion to oil at the water/solid interface[J]. Soft Matter., 2010, 6: 2708-2712.

[149] FAN J, SONG Y, WANG S, et al. Directly coating hydrogel on filter paper for effective oil-water separation in highly acidic, alkaline, and salty environment[J]. Adv. Funct. Mater., 2015, 25: 5368-5375.

[150] YANG H, LIAO K, HUANG H, et al. Mussel-inspired modification of a polymer membrane for ultra-high water permeability and oil-in-water emulsion separation[J]. J. Mater. Chem. A, 2014, 2: 10225-10230.

[151] HUANG T, ZHANG L, CHEN H, et al. Sol-gel fabrication of a non-laminated graphene oxide membrane for oil/water separation[J]. J. Mater. Chem. A, 2015, 3: 19517-19524.

[152] XU L, CHEN Y, LIU N, et al. Breathing demulsification: A three-dimensional (3d) free-standing superhydrophilic sponge[J]. ACS Appl. Mater. Interfaces, 2015, 7: 22264-22271.

[153] CHAUDHARY J, NATARAJ S, GOGDA A, et al. Bio-based superhydrophilic foam membranes for sustainable oil-water separation[J]. Green Chem., 2014, 16: 4552-4558.

［154］ LIN X，LU F，CHEN Y，et al. One-step breaking and separating emulsion by tungsten oxide coated mesh［J］. ACS Appl. Mater. Interfaces，2015，7：8108-8113.
［155］ LIU N，CHEN Y，LU F，et al. Straightforward oxidation of a copper substrate produces an underwater superoleophobic mesh for oil/water separation［J］. Chem. Phys. Chem.，2013，14：3489-3494.
［156］ CHEN Y，WANG N，GUO F，et al. A Co_3O_4 nano-needle mesh for highly efficient，high-flux emulsion separation［J］. J. Mater. Chem. A，2016，4：12014-12019.

致　谢

首先，衷心感谢我的导师冯琳副教授在工作和生活上对我的指导、关怀和鼓励！冯老师治学严谨，求真务实，精益求精，给了我进入清华大学化学系学习的机会，为我打开了科研的大门。在五年的科研工作中，冯老师总会及时给予我十分关键的教导，让我及时认识到研究中的问题，拓宽了我的科研视野，提高了我的研究能力。冯老师不仅是一位良师，更是一位益友。在生活中，冯老师平易近人，对我和其他组员关怀备至，对我人生路上遇到的问题给予十分中肯的建议，让我体会到了大家庭的温暖。

衷心感谢清华大学化学系的危岩老师、王训老师、张希老师、李强老师、严清峰老师、李春老师、陶磊老师、刘洋老师、吉岩老师及北京航空航天大学的朱英老师和赵勇老师等在我科研工作中给予的指导和帮助。感谢实验室助理任娜老师对我工作和生活给予的保障。同时，感谢清华大学学生职业发展指导中心的各位老师，谢谢你们对我的鼓励和关怀。

衷心感谢曹莹泽博士、刘娜博士、陈雨宁博士、许亮鑫博士、张庆东博士和卢飞硕士在我课题开始时给予的详细指导与大力协助，感谢杨洋博士、陈巧梅博士、李振博士、王振华博士、林鑫硕士给予的帮助。

衷心感谢一同奋斗的课题组同学——瞿瑞祥、李祥宇、刘亚男、石宗渝、翟华君，在辛苦的科研生活中你们是我最好的伙伴，希望你们今后工作顺利，前程似锦！

感谢清华大学化学系的钱晓杰、刑登辉、黄毅超、代巧玲、黄正宏等。感谢在研究生会和职业发展协会中认识的好朋友王竟达、徐令君、谢奇珂、潘正道、余露虹等，与你们的相识是我的幸运。

最后，特别感谢我的父母在我求学之路上的默默支持与无私奉献，感谢家人亲友对我多年来的支持与帮助！感谢我的爱人陈莺女士，茫茫人海中能够与你相遇是我的福分，每当我沮丧和彷徨的时候，你总会陪伴在我左右，没有你的理解和包容，我不会走到今天，也相信我们定会继续幸福地走下去！

衷心感谢所有帮助和关心过我的老师、朋友和家人，祝你们在今后的生活里身体健康，诸事顺遂！